Latifa Assia Benseghir Boukhari
Benseghir Kamal-Eddine
Séridi Ratiba

Développement du Câprier épineux (Capparis.spinosa L.) en Algérie

Latifa Assia Benseghir Boukhari
Benseghir Kamal-Eddine
Séridi Ratiba

Développement du Câprier épineux (Capparis.spinosa L.) en Algérie

Éditions universitaires européennes

Impressum / Mentions légales
Bibliografische Information der Deutschen Nationalbibliothek: Die Deutsche Nationalbibliothek verzeichnet diese Publikation in der Deutschen Nationalbibliografie; detaillierte bibliografische Daten sind im Internet über http://dnb.d-nb.de abrufbar.
Alle in diesem Buch genannten Marken und Produktnamen unterliegen warenzeichen-, marken- oder patentrechtlichem Schutz bzw. sind Warenzeichen oder eingetragene Warenzeichen der jeweiligen Inhaber. Die Wiedergabe von Marken, Produktnamen, Gebrauchsnamen, Handelsnamen, Warenbezeichnungen u.s.w. in diesem Werk berechtigt auch ohne besondere Kennzeichnung nicht zu der Annahme, dass solche Namen im Sinne der Warenzeichen- und Markenschutzgesetzgebung als frei zu betrachten wären und daher von jedermann benutzt werden dürften.

Information bibliographique publiée par la Deutsche Nationalbibliothek: La Deutsche Nationalbibliothek inscrit cette publication à la Deutsche Nationalbibliografie; des données bibliographiques détaillées sont disponibles sur internet à l'adresse http://dnb.d-nb.de.
Toutes marques et noms de produits mentionnés dans ce livre demeurent sous la protection des marques, des marques déposées et des brevets, et sont des marques ou des marques déposées de leurs détenteurs respectifs. L'utilisation des marques, noms de produits, noms communs, noms commerciaux, descriptions de produits, etc, même sans qu'ils soient mentionnés de façon particulière dans ce livre ne signifie en aucune façon que ces noms peuvent être utilisés sans restriction à l'égard de la législation pour la protection des marques et des marques déposées et pourraient donc être utilisés par quiconque.

Coverbild / Photo de couverture: www.ingimage.com

Verlag / Editeur:
Éditions universitaires européennes
ist ein Imprint der / est une marque déposée de
OmniScriptum GmbH & Co. KG
Bahnhofstraße 28, 66111 Saarbrücken, Deutschland / Allemagne
Email: info@omniscriptum.com

Herstellung: siehe letzte Seite /
Impression: voir la dernière page
ISBN: 978-3-8416-6169-2

Zugl. / Agréé par: Annaba, Université de Badji Mokhtar. 2014

Copyright / Droit d'auteur © Latifa Assia Benseghir Boukhari, Benseghir Kamal-Eddine, Séridi Ratiba
Copyright / Droit d'auteur © 2015 OmniScriptum GmbH & Co. KG
Alle Rechte vorbehalten. / Tous droits réservés. Saarbrücken 2015

DEDICACES

Né, dans les Câprières naturelles de Bou Charef*,
Noble djebel dans la pureté spontanée
Des linéaments de la petite Kabylie, presque effacé
Mon défunt père rappelé en affectueuse réminiscence
Ne se doutait pas d'une progéniture sensible
A remémorer Ouled Sidi El Djoudi,
Avec verbes éloquents délicats, couleurs savantes et repères tracés

Du Kabar** expert investi
Dans les ravins des versants encaissés
Entre le bleu inspiré du ciel et les oliveraies
Déploie avec quiétude ses tentacules enthousiastes
Au rythme vigilant des vents balayés
Au sens musical et botanique des pollens renvoyés
Sans bruit avec géométrie habile, disséminés
Parfumant en intense harmonie les sentiers des bergers
Allant au pas fin des abeilles accrochées
Perspicaces au fondement mielleux des idées
Au réveil émotif voué à la passion, au respect
Au Sens du sacré
Au rappel à l'amour fort de Dieu.

(*Boucharef dit : montagne des nobles située à Bordj Bou Arreridj voir Chapitre IV)
(**Câprier en arabe) Latifa, Juin 2002.

REMERCIEMENTS

Ce modeste travail n'aurait pu voir le jour sans l'aide et les conseils de nombreux collaborateurs. Ils nous ont apporté soutien pour mener à bien une tâche qui nécessitait un effort de synthèse considérable. En apportant chacun ses compétences et avec nous, ils espèrent que ce sujet trouverait un jour, dans l'éventail des études sur les ressources végétales de la terre, l'indispensable place qu'il mérite.

C'est un agréable devoir d'adresser nos remerciements à tous :
Notre gratitude va essentiellement aux bibliophiles exigeants et pointilleux ; ceux ayant montré leur intérêt pour ce travail en acceptant de le lire:
-Département de Biologie à la Fac des Sc de l'Univ de Badji-Mokhtar-Annaba :
--Mr **Brinis Louhichi Pr**, a accordé une marque de complicité scientifique inégalable. Qu'il nous soit permis de lui adresser ici les plus respectueux remerciements ;
--Mr **Boughdiri Larbi Pr,** a bien voulu prendre le soin de lire ce manuscrit et de le critiquer avec générosité ; nous lui réservons notre estime ;
--Mme **Seridi Ratiba Pr**, nous la remercions pour sa disponibilité et ses précieuses orientations. L'impulsion et les trajets entreprenants de la thématique en sont bien la conséquence.
-Département de Biologie à la Fac des Sc de l'Univ Essania d'Oran:
--Mr **Hadjadj-Aoul Seghir Pr**, par son expérience de terrain, a non seulement bien confirmé l'intérêt du sujet, sa pertinence allant dans le sens de la valorisation de la plante, mais il a porté un œil critique sur les résultats. Féru de botanique, il a enrichi l'herbier du câprier par quelques échantillons d'Oranie. Nous notons notre profonde gratitude pour ce geste tant minutieux ;
--Mme **Bennaceur Malika Pr**, nous a accordé des occasions pour s'entretenir sur le chapitre III dont la rédaction méritait avis et commentaires de spécialiste avéré qui étaient les siens.
-Mr **Kaabeche Mohamed Pr**, (I.N.E.S. Dép de Bio - Univ de Sétif) homme d'engagement s'illustrant notamment dans la botanique algérienne, il nous a fait bénéficier d'une réelle source de motivation en étant pour quelques sites un bon compagnon de terrain... à l'instar de Hadjadj –Aoul, Pr. Kaabeche est aussi celui qui représente pour nous un des pères fondateurs de la botanique algérienne actuelle.

--Mr ***Kadik bachir Pr,*** ex-DG de l'INRF de Baïnem puis ex DGF au Ministère de l'Agriculture est à l'origine de ces recherches l'en ayant intégré pour la première fois dans les programmes de la recherche forestière en 1986 ; Le mot « Câprier » n'était pas à la mode, lui naturaliste clairvoyant savait, en revanche, son importance dans ses œuvres de pionnier intrépide dans l'exploration des pinèdes les plus reculées.

--Mr ***Côte Marc, Pr agrégé émérite***, de l'Univ d'Aix en Provence nous a appris à croquer en quelques minutes les paysages « de sol nourricier et de société rurale » en saisissant ceux où le Câprier y était de temps en temps …Nous le remercions pour son accueil dans son Unité de recherche d'Aix en Provence, pour avoir accepté de lire le 4ème chapitre traduisant en partie le contexte dans lequel il a évolué dans ses œuvres à travers l'âme des sociétés défavorisées. Grâce à lui, Mme ***Durbiano C Pr***, retraitée I.R.E.M.A.M. de l'Université d'Aix en Provence a beaucoup lu aussi le 4ème chapitre. A tous les deux merci.

--Une fidèle pensée à Mr ***Guittonneau Georges Gui Pr,*** retraité, du Labo d'Eco Vég d'Orléans pour la lancée du projet Câprier disait-il novateur ; animé d'admiration pour cette espèce, il a assuré encadrement «multiforme en France et en Algérie» et soutien matériel ; nous notons ses efforts constants, son humanisme, sa disponibilité intarissable. Celui qui nous a appris l'art de formuler des questions de méthodologie de recherche, … fait découvrir les formes picturales splendides de la petite graine de Câprier à réussir sous binoculaire... . Dans nos premiers pas de résolution des problèmes de germination et par son intermédiaire, nous avons pu aussi côtoyer Mr ***Paulet P Pr, Badila P et Mikou K*** au Labo de Physio vég d'Orléans. Pour tous, nous ne pouvons décrire leur amour remarquable aux curiosités de notre sujet.

-- Mr ***Gauquelin T, Pr*** spécialiste des xérophytes de l'I.M.E.P Aix-Marseille a mis sa biblio personnelle à notre portée ; quelle valeur de partage!

--Mrs ***Christian C***, Chercheur et ***Schianno R*** Chef de Biblio du C.E.M.A.G.R.E.F ont eu la bienveillance de nous aider dans respectivement :- les méthodes de choix des stations à câprier - et les recherches documentaires rapides. Nous espérons avoir été à la hauteur de leurs orientations.

-- Mr ***Soltane M Pr***, de l'Univ d'El-tarf, ***Mr Belkhodja M Pr***, de l'Univ d'Oran et Mr ***Falconnet G*** retraité E.N.G.R.E.F. Nancy ont été de braves lecteurs de certains passages.

--Notre piochage bibliographique de langues italienne et espagnole a été recreusé sans hésitation par des volontaires : Melle **Orsini R**, Fac d'Eco Appl Université de Perugia en Italie et Mme **Saouli N** Enseignante chercheure Univ de Sétif. Elles se reconnaitront dans les passages traduits.

--**Staff administratif** : - I.N.R.F.Baïnem est le principal sponsor de nos missions à l'étranger; Mr **Bekka**, Ingénieur de la station de Mezloug a apporté son aide précieuse en pépinière. La mise en piste de ce travail sur le câprier leur incombe. – Responsables de l'Univ de Sétif : ont participé dans l'aide labo - Safa babors ex-ORDF de Sétif a partagé l'essentiel des activités de pépinière en l'occurrence les techniciens de Boussellem, avec savoir-faire, ils ont pris soin des expérimentations. - Les conservateurs de forêts du Nord au Sud (anciens et successeurs)…nous ont accueillis sur terrain. Les chefs de circonscription ont facilité la mobilité des renseignements en répondant aux enquêtes. En remerciant aussi nos voisins forestiers tunisiens, nous ne pouvons oublier notre ami Mr **Gauquelin X** forestier parisien qui nous a fait découvrir la station désertique des gorges réputées de Midès-Tamerza. ..Et le Câprier l'est aussi, nous disait-il !

-- Bien d'autres, et non des moindres, ne sont hélas plus là ; qu'il nous soit permis de saluer avec émotion profonde leur mémoire ; nous voulons penser en premier lieu à Mr **Temamna** qui vient de s'éteindre, administration de l'Inst de Bio de Sétif, l'un de ceux qui ont vu juste, depuis 1988, l'aboutissement du projet Câprier. Une pensée pieuse va aussi au regretté **Lebkiri** ancien responsable de circonscription des pépinières de Sétif qui a su donner sa pratique aux ouvriers intéressés par nos travaux.

Enfin, nous ne cachons pas combien était parfois dure la responsabilité que nous avons prise pour le choix du sujet ; une aventure scientifique sur un terrain inconnu ; …enfin tous ayant construit laborieusement les ponts de générosité pour ce travail et pour le câprier. Sont vivement remerciés ceux qui se reconnaissent dans cette œuvre. Puissions-nous alors ne pas avoir déçu la confiance de nos loyaux collaborateurs : amis, collègues, étudiants de toute contrée confondue… Nous citons en particulier l'aide en or pour la mise en forme, de ce livre ayant été assurée par Mr **Benseghir M** étudiant-Doctorant de l'Inst de Maths –Univ Annaba, appuyée par Mrs **Fedol A** et **Malki A** de l'Université de Béchar.

Que cette tentative de mise au point sur le Câprier, malgré sa sobriété, trouvera auprès de tous, audience comme projet loyal pour le pays!

ABREVIATIONS

A.A.F.S.	Assessorato Agricultura e Foreste Regione Siciliana
A.A.P.	Agricoltori Associati Pantellaria Italie
A.G.R.I.M.E.D.	Mediterranean Agriculture *(European community program)*
A.N.V.R.E.D.E.T.	Agence Nationale de Valorisation des Résultats de la Recherche et du Développement Technologique Alger
B.N.E.D.E.R.	Bureau National d'Etudes pour le Développement Rural, Algérie
C.A.P.C.	Coopérative Agricola Produttori Capperi Italie
C.A.R.I.S.M.	Centre pour la recherche avancée dans le système indien de médecine. Université S.A.S.T.R.A
C.E.BA.S.	Centro de edafologia y Biologia Aplicadas del Sureste Espagne
C.E.E.	Communauté Economique Européenne
C.E.M.A.G.R.E.F.	Centre National du Machinisme Agricole du Génie Rural des Eaux et des Forêts, Aix En Provence, France
C.N.D.R.B.	Centre National du Développement et des Ressources biologiques. Alger.
C.T.I.F.L.	Centre Technique au service de la filière fruits et légumes. Paris
C.U.E .T.	Centre Universitaire d'El-Tarf (ex)
D.G.F.	Direction Générale des Forêts, Alger
E.N.E.A.	Ente Per Le Nueve Technologie l'Energie et l'Ambiante Roma
E.N.G.R.E.F.	Ecole Nationale du Génie Rural et des Forêts Nancy
E.N.P.C.	Entreprise Nationale du Plastic et Caoutchouc
E.N.S.	Ecole Nationale Supérieure. Alger
F.A.O.	Organisation des Nations unies pour l'Alimentation et l'Agriculture
I.C.M.R.	Division of Vector Biology and Control, Rajendra Memorial Research Institute of Medical Sciences, Inde
I.M.E.P.	Institut Méditerranéen de la Biodiversité et d'Ecologie marine et continentale actuellement (IMBE, université Aix Marseille…)
I.N.A.	Institut National d'Agronomie d'El Harrach
I.N.E.S.	Instituts Nationaux d'Enseignements Supérieurs Sétif
I.N.R.F.	Institut National de Recherche Forestière, Algérie
I.N.RA.	Institut National de la Recherche Agronomique Maroc
I.N.RA.A.	Institut National de la Recherche Agronomique Algérie
I.R.E.M.A.M.	Institut de Recherche du monde Arabe et Musulman-Aix en Provence
I.R.S.T.E.A. Ex C.E.M.A.G.R.E.F	Institut National de Recherche en Sciences et Technologies pour l'Environnement et l'Agriculture, France
I.S.T.A.	International Seed Testing Association
M.A.D.R.	Ministère de l'Agriculture et du Développement Rural, Alger
M.A.T.E.	Ministère de l'Aménagement du Territoire et de l'Environnement. Alger.
M.E.S.R.S	Ministère de l'enseignement scientifique et de la recherche scientifique. Alger
O.C.E.	Organisation Nationale du Commerce Extérieur

O.M.S.	Organisation mondiale pour la santé
O.N.G.	Organisation non gouvernementale
O.R.D.F.	Office Régional du Développement Forestier Algérie
P.N.R.	Plan National de Reboisement, Algérie
P.N.T.T.A.	Programme National de Transfert de Technologie en Agriculture, Maroc
S.A.S.T.R.A.	Shanmugha, Arts, Sciences, Technologie et Research Academy. Université Thanjavur Inde
U.F.A.S.	Université Farhat Abbès, Sétif
U.N.E S.C.O.	Organisation des Nations unies pour l'éducation, la science et la culture

%	Pourcentage
°C	Degré Celsius
cm	Centimètre
D.D.T.	Dichloro-diphényl-trichloroéthane
g	Gramme
Kcal	Kilocalorie
kg	Kilogramme
m	Mètre
mg	Milligramme
ml	Millilitre
mm	Millimètre
ANA	Acide alpha naphtylacétique
ABP	Acide bêta -indole butyrique
AIA	Acide bêta -indole acétique
GA3	Acide gibbérellique
P.V.C.	Polychlorure de vinyle
pH	Potentiel hydrogène
ppm	Partie pour mille
Ø	Diamètre

TABLE DES MATIERES
REMERCIEMENTS
ABREVIATIONS
TABLE DES MATIERES

INTRODUCTION 1

CHAPITRE I : REVUE BIBLIOGRAPHIQUE   11

1.1. INTRODUCTION
.... 11
PARTIE A : PRESENTATION GENERALE DE L'ESPECE   12
1.2. ORIGINES ET HISTOIRE DU CAPRIER   12
Indications alimentaires et médicinales   13
Indications agronomiques   14
Indications gastronomiques françaises de renommée   14
Déclin de la câpre Française   14
   1.3 TAXONOMIE ET CARACTERES BOTANIQUES   15
1.3.1. Systématique   15
1.3.2. Famille des capparidacées   16
1.3.3. Affinités avec d'autres familles   18
1.3.4. Aspects botaniques et taxinomiques   19
a. Espèces et variétés décrites dans le genre *Capparis*   20
b. Espèces et variétés les plus répandues   23
   b.1. *Capparis spinosa L. var. spinosa*.................................   23
      b.1.1.   Description des caractères botaniques   24
b.2.   *Capparis spinosa var. inermis turra*   26
b.3.   *Capparis ovata var. sicula*   27
1.3.5.   Autres espèces de *Capparis* dans le monde   27
1.3.6.   Liste des espèces en Afrique du Nord   28
1.3.7.   Liste des espèces en Chine   29
1.3.8.   Remarques utiles sur les différences essentielles entre les espèces   30
1.3.9.   Répertoire des noms vernaculaires du Câprier   31
   1.4.   AIRE DE REPARTITION DU CAPRIER   37
1.4.1.   Distribution mondiale   37
1.4.2.   Situation dans le pourtour méditerranéen   38
1.4.3.   Répartition en Afrique du nord   38
   1.5.   ECOLOGIE DU CAPRIER   41
1.5.1. Altitude   41
1.5.2. Climat   41
a. Températures   41
b. Précipitations   41
c. Insolation   41
d. Humidité   41
e. Vents   42

1.5.3. Topographie	42
1.5.4. Sols	42
1.5.5. Végétation, valeur phytosociologique	43
1.5.6. Le Câprier dans le milieu saharien– dynamique exceptionnelle	45
1.5.7. Câprier et les sites archéologiques	49
1.6. PHENOLOGIE	50
PARTIE B : IMPORTANCE MONDIALE DU CAPRIER	51
1.7. COMPOSANTES ET EVOLUTION ECONOMIQUE	51
1.7.1. Production de Câpres	51
1.7.2. Autres utilisations	59
a. Fonction écologique	59
b. Utilisation médicinale	60
c. Utilisation mellifère	67
d. Utilisation ornementale et paysagère	67
1.8. ZONES DE CULTURE MONDIALE	68
1.9. TECHNIQUES DE CULTURE	74
1.9.1. Techniques de propagation	75
1.9.2. Plantations et travaux culturaux	80

CHAPITRE II : METHODES DE STRATIFICATION EFFICACES SUR LA DORMANCE DES SEMENCES DE *CAPPARIS SPINOSA* L. VAR. *AEGYPTIA* 88

2.1. INTRODUCTION	88
Problèmes posés par la propagation du câprier épineux	88
2.2. MATERIELS ET TECHNIQUES	89
2.2.1. Matériel végétal	89
2.2.2. Techniques	90
SUBSTRAT ET CONDITIONS DE STRATIFICATION	91
2.3.1. Sable humide extérieur (SHE)	91
2.3.2. Sable humide frigo (SHF)	93
2.3.3. Sable humide intérieur (SHI).	93
Modalités du suivi	95
2.5. MODE D'EXPRESSION DES RESULTATS	96
2.6. EXPRESSION DES RESULTATS ET COMMENTAIRES	97
2.6.1. Graines germées	98
a. Semences conservées dans le milieu SHE	98
b. Graines stratifiées dans SHF	98
c. Stratification dans SHI	99
c.1. Influence de la période de stratification sur les réponses germinatives	99
Influence des durées de stratification sur le déroulement des levées	102
Influence des conditions de germination sur la vitesse de levée	105
2.7. DISCUSSION ET PERSPECTIVES	109

CHAPITRE III : TRAITEMENTS CHIMIQUES SUR LA GERMINATION DES GRAINES — 113

3.1. INTRODUCTION 114
3.2. MATERIELS ET METHODES 115
   3.2.1. Matériels 115
   3.2.2. Méthodes 118
A. Essais de germination 118
a. Traitement à l'acide sulfurique 118
b. Traitement à l'acide gibbérellique 118
c. Traitement mixte 119
B. Tests de Tetrazolium 119
a. Préparation des solutions 119
b. Préparation et traitement des semences 119
c. Critères d'évaluation 120
C. Analyse des résultats de germination 120
3.3. RESULTATS 120
3.3.1. Étude de la structure et de la viabilité de la graine 120
    a. Structure de la graine 120
    b. Viabilité de la graine 128
3.3.2. Germination des graines 128
A. Effet de la durée de traitement à l'acide sulfurique sur la germination des graines 128
B. Effet de l'acide gibbérellique sur la germination des graines 130
C. Effet du traitement mixte sur la germination des graines 132
3.4. DISCUSSION ET CONCLUSION 133

CHAPITRE IV : L'ESSENTIEL SUR LA GEOLOCALISATION, L'ECOLOGIE ET LES UTILISATIONS DU CÂPRIER EN ALGERIE — 138

4.1. INTRODUCTION 139
4.2. SITUATION GEOGRAPHIQUE DU CAPRIER (EPINEUX ET INERME) EN ALGERIE 140
   4.2.1. Répartition des localités prospectées 140
   4.2.2. Premiers résultats sur les principaux facteurs écologiques ... 140
4.3. UTILISATIONS EN MEDECINE TRADITIONNELLE 150
   4.3.1. Valeurs alimentaire et pharmaceutique du câprier 150
   4.3.2. Relations entre écologie et propriétés thérapeutiques du Câprier — 154
   4.3.3. Possibilités d'utilisation et limites scientifiques modernes 154
4.4. CONCLUSION 156

CONCLUSION GENERALE 157
REFERENCES BIBLIOGRAPHIQUES 172

INTRODUCTION

Le Câprier épineux répertorié par les botanistes et biosystématiciens sous le nom scientifique de *Capparis spinosa L.* est décrit comme le type commun **(Letourneaux, 1884 ; Battandier et Trabut, 1902 ; Albert et Jahandiez, 1908 ; Issa, 1927; Trabut, 1930 et 1935; Monteil et Sauvage, 1949 ; Emberger, 1960; Nègre, 1961; Gatin, 1975.** Selon **Lapie et Maige (1914),** la petite famille des capparidées est représentée en Algérie par le Câprier épineux (*Capparis spinosa* L.).

Selon la plupart de ces auteurs, le Câprier est parmi les représentants les plus primitifs de la famille des Capparidacées. C'est une espèce d'origine tropicale transformée aujourd'hui, probablement du fait des changements climatiques et des cultures, en cosmopolite presque mondiale, mais elle est présente essentiellement dans les pays du bassin méditerranéen et aussi du moyen et extrême orient **(Prosper, 1581 ; Zohary, 1960 ; Martin, 1971 ; Renfew, 1973 ; Inocencio et *al.*, 2002 ; Rivera et *al.*, 2002 ; Jiang et *al.,* ; 2007, Mishra et *al.*, 2009).**

On décrit de nombreuses espèces et subespèces ou variétés (épineuse, inerme et intermédiaire) à travers le monde. Au cours des siècles précédents, les naturalistes **(Kühn, 1826; Kühn, 1829 et Jones, 1969)** ont observé les qualités nombreuses de la plante qu'on voit, de nos jours, comme une aubaine dans de nombreux domaines de la vie. On compte dans nos travaux des progrès incessants, effectués à l'étranger, dans la connaissance de cette plante.

En Algérie, les travaux algériens consacrés à cette plante sont très rares.

Afin d'initier alors correctement notre recherche, il est indispensable d'en fixer le cadre. A cet effet, nous proposons ici de définir les éléments ayant contribué au choix du thème, des différentes approches et méthodes.

DESSEIN – ESPACE - ITINERAIRES

Il s'agit dans ce passage de rappeler les points essentiels, qui ont guidé notre choix vers le Câprier, afin d'aborder les différentes approches sur sa description, les lieux de sa localisation algérienne, son développement et puis son avenir.

CHOIX DE LA THEMATIQUE-INITIATIVES

Le choix de ce sujet très lié à chacune des sous-étapes composant notre travail, marque le départ du travail d'analyse dont les objets retenus pour présenter le thème, sa situation et la problématique ont permis la délimitation graduelle du territoire d'étude avec les pistes d'investigation, et ce à tout point de vue.

* Au début, on s'est fixé sur le débroussaillage documentaire pour nous permettre de développer une vue d'ensemble de la thématique. Après une consultation large et un survol des principaux courants de recherche, on s'aperçoit qu'en dehors des magistrales flores d'Afrique du nord , notes de voyages, extraits descriptifs d'expéditions botaniques, ou quelques rares articles, le Câprier est très peu présent dans des travaux algériens à la fois parce que les auteurs anciens n'ont guère eu l'opportunité , peut-être, d'y porter attention, que les inscriptions y sont rares et que de ce fait les érudits modernes y ont consacré peu ou presque pas de pages. C'est aussi en partie cette insuffisance que le présent rapport vise à combler.

* Ensuite des contacts nombreux ont soutenu cet axe de recherche (projet initial) et sa mise en chantier **(Benseghir, 2005_a, Benseghir et Séridi., 2005_b, 2005_c),** en particulier :

1. **Des experts-praticiens et chercheurs** reconnus (nationaux et internationaux) dans le domaine ; notons :
- conscients du rôle important joué par le Câprier, ils sont les premiers à avoir approuvé cette ligne de travail, celle de consacrer une tentative scientifique sur un terrain «inconnu».

- les premiers aussi à être animés par l'idée de développer le Câprier algérien ; de nombreuses entrevues en ont dévoilé d'ailleurs la pertinence scientifique du thème dans les tendances mondiales actuelles.

Le lancement sérieux d'un premier programme Câprier (**C.E.E.**) dit **A.G.R.I.M.E.D.** piloté par une équipe italienne **(Barbera, 1991)** a vu le jour en 1991. Quant aux premiers travaux algériens relatifs :

-à la reproduction de la plante : il s'est établi l'intitulé axé sur la régénération du Câprier **(Belattar, 1988)** à l'Université de Sétif, débouché scientifique national et international favorisé par l'accord conventionnel avec l'**I.N.R.F.** de Baïnem –Alger et le Laboratoire d'Ecologie Végétale d'Orléans ;

et

-à l'utilisation du Câprier pour la phytothérapie : ils ont vu le jour à l'Université d'Annaba sous l'impulsion de l'équipe spécialisée de l'Institut de Biologie **(Séridi et *al.*, 2004 ; Benseghir et Séridi, 2005$_b$ et 2005$_c$; Benseghir, 2014)**. Par ailleurs, sous l'égide de la F.A.O., l'esprit de développement de la plante finit par être inscrit officiellement dans les programmes de recherche sur les ressources phytogénétiques de l'**I.N.R.A.A., F.A.O., (2006)**.

En fin de compte, on constate dans la littérature toute récente composant la majeure partie de la liste documentaire de ce rapport, l'engagement dynamique et audacieux de la recherche algérienne pour le Câprier en est venu sur fonds de normes modernistes et mises à niveau comme objet de connaissance scientifique.

Dans cet ouvrage, notre travail s'est organisé depuis le début, autour des questions qui structurent une réflexion orientée vers le passage des acquis scientifiques dans l'application des résultats, à savoir les protocoles de germination, l'estimation des facteurs du milieu, la distribution territoriale du Câprier et les rapports entretenus entre le Câprier et les sociétés rurales.

2. Des applicateurs gestionnaires et des professionnels spécialisés : très peu familiers avec cette plante, ils considéraient au début le milieu du Câprier comme simple et inutile et n'ayant vraiment, de ce fait, que très peu d'observations à consigner à ce sujet. Lors de l'élaboration du programme national de la recherche forestière en Algérie, on fait l'état des recherches sur la plante **(Benseghir, 2005$_a$)** puis la valorisation des premiers résultats **(Benseghir, 2008$_a$).** Avec des engagements scientifiques soutenus par les instances, on approuve peu à peu la thématique.

3. Et des ruraux : lors des tournées expéditrices réalisées dans des zones les plus reculées et marginalisées, nous avons remarqué l'intérêt que représente cette plante pour les sociétés rurales, du fait des aspects économiques potentiels non négligeables. La cueillette de câpres et son utilisation dans la médecine traditionnelle occupent une place primordiale. Les ruraux ont compris aussi sa valeur antiérosive; ils déplacent des souches entières en hiver pour les replanter en guise de haie protectrice autour de leurs habitations ou de part et d'autre des pistes d'accès. Prélever du matériel végétal destiné à la médecine traditionnelle est surtout l'objet d'importation des arbustes à leur proximité.

Notre première étape d'accompagnement des populations sur la culture en pépinière du Câprier au Sud a été consacrée à une **O.N.G.** financée par l'**U.N.E.S.C.O.** en Tunisie **(Benseghir, 2008$_b$),** ensuite à Ghardaïa pour la circonscription des forêts de Zelfana et la Subdivision de l'Agriculture de Guerrara.

A partir de ça, et pour toutes ces raisons, nous nous sommes rendus compte qu'il faut bien garder en tête 3 principaux points à l'ordre du jour :

♦ **Presque rien de fait ;** ♦ **Beaucoup de choses à faire;** ♦ **Il faut commencer par les priorités.**

<u>ÉNONCÉ DES OBJECTIFS - APPROCHES</u>

La formulation des questions a été traitée selon deux approches menées en parallèle ; elles peuvent être décrites de la façon suivante :

I. APPROCHE SYNTHETIQUE

Elle réunit la synthèse bibliographique ; sa coexistence avec une deuxième synthèse par l'approche dite stationnelle (ou typologie des stations) a permis de déterminer l'environnement biogéographique du Câprier.

La synthèse bibliographique décrit de façon générale la plante et permet l'organisation de l'approche stationnelle et l'approche analytique. Cette dernière correspond aux aspects expérimentaux (pépinière et laboratoire).

L'approche stationnelle présente le bilan préliminaire sur la régionalisation de l'espèce en Algérie avec les premières données sur son écologie (catalogage des stations de Câprier). En comparant avec toutes les données regroupées dans la synthèse bibliographique, on commence par établir un sorte de fiche écologique du Câprier ; les diverses utilisations du câprier y sont mentionnées.

L'ensemble des interrogations sont traitées à deux niveaux de réflexion :

Intérêt :   ♦ écologique et   ♦ économique.

Par ailleurs, rappelons que depuis le lancement du **P.N.R.** en 2000, l'Etat algérien a consenti un effort financier considérable dans les plantations (rythme annuel de l'ordre de 65. 000 hectares à partir de la campagne 2013-2014). Ces moyens sont utilisés de façon irrationnelle quant aux choix des espèces en rapport avec les exigences écologiques et économiques. Ce plan s'inscrit dans des orientations de développement durable de l'agriculture (valorisation des terres, lutte contre la désertification, protection des ressources naturelles). Le **P.N.R.** a été initié par les instances en interpelant les scientifiques avec pour objectif surtout l'émergence de systèmes économiques viables permettant la création de source de revenus aux populations rurales comme moyens de subsistance et de stabilité (**M.A.D.R., 2013**).

Dans cette vision, notre approche s'y imprime grandement; elle propose le Câprier dans les zones les plus pauvres du pays.

Cette plante peut constituer une espèce alternative puisqu'elle s'adapte facilement à des conditions écologiques délicates. Dans les cas de désertification, elle procure sans peine de nombreux avantages très recherchés par les reboiseurs (**Sakcali et *al*., 2008 ; Liu et *al*., 2011 ; Gan et *al*., 2013**).

Enfin, l'objet essentiel ayant déterminé l'orientation globale de ce travail est surtout le caractère qu'il peut apporter par des expérimentations aux interrogations posées par tous les secteurs : de la pépinière, de l'agriculture et l'agro-alimentaire, des forêts puis de la phytopharmacie.

II. APPROCHE ANALYTIQUE :

A l'échelle expérimentale, de pépinière et de laboratoire, on étudie des variables quantitatives issues de différentes analyses par des protocoles expérimentaux de graines dormantes. On rappelle que traditionnellement, les ruraux font usage du Câprier à partir d'arbustes naturels. Sa culture n'est pas familière dans notre pays. En effet, la méconnaissance des procédés de multiplication chez les pépiniéristes soulève de nombreuses questions depuis la récolte de graines jusqu'à la plantation.

Dans cette optique et avant d'engager nos travaux de recherche, dans la pépinière Boussellam à Sétif, nous avons examiné par des essais amplement vérifiés l'application de toutes les méthodes classiques (bouturage, marcottage, éclatement de souche, semis direct). Les multiples tentatives se sont toutes soldées par des échecs.

Au regard de ces approches, nous allons dans le paragraphe suivant exposer les moyens et méthodes que nous nous sommes donnés pour atteindre les objectifs exposés dans cet ouvrage.

PROTOCOLES ET METHODES

Les travaux récapitulés sont très enchaînés; Il est fait mention de deux grandes phases :

PHASE I : Germination des graines

Elle est composée de deux étapes complémentaires pour la mise en place d'une méthode de germination des graines dormantes de Câprier afin d'améliorer le taux de levée presque nul à l'origine : **phase expérimentale essentielle** avec deux procédés emboîtés de façon graduelle et concomitante.

Procédé I : Méthodes de stratification efficaces sur la dormance des semences du *Capparis spinosa* L. var. *aegyptia ;*

Procédé II : Traitements chimiques sur la germination de graines de *Capparis spinosa* L.

Ces travaux ont été basés puis adaptés à partir des connaissances en matière de levée de dormance des graines qui on déjà largement contribué à l'amélioration de la germination **(Heller, 1962 et 1978 ; Côme, 1970 et 1975; Lozano Puche, 1977 ; Baccaro, 1978 ; Gorini, 1981 ; Mazliak, 1982; Orphanos, 1983; Barbera et Di Lorenzo, 1984 ; Luna et Perez, 1985 ; Thévenot, 1985; Lang et *al.*, 1987 ; Hilhorst et Karssen, 1992; Benseghir, 1993; Tansi, 1999; Olmez et *al.*, 2004a; Olmez et *al.*, 2006).**

Il convient de souligner : l'observation dans le deuxième procédé, grâce à des méthodes élaborées de laboratoire **(I.S.T.A., 1966)**, sur le phénomène de dormance chez les semences de câprier a été largement développée: **étape prédictive** sollicitant d'autres investigations d'actualité scientifique pour un matériel végétal amélioré (in vitro) destiné à des plantations de qualité **(Benseghir et *al.*, en préparation)**.

PHASE II : Inventaire des stations de Câprier

Elle est organisée autour d'un inventaire préliminaire des stations de Câpriers en fonction des régions biogéographiques très vastes en Algérie. Quelques sites tunisiens complètent ce bilan.

Nous avons opté pour une approche des paramètres les plus déterminants (climat, topographie) d'une part pour analyser et estimer les facteurs du milieu ayant une incidence sur le développement de l'espèce (typologie stationnelle). L'extension naturelle des populations de câprier est-elle régie par le milieu? Cette liaison est exprimée ici de façon qualitative (à partir d'observations sur le terrain et de cartographie) sous la forme d'unités biogéographiques qui ne sont pas de véritables stations, car ce sont des zones écologiquement non homogènes mais surtout non « stratifiables » par échantillonnage à tout point de vue car l'aire de dispersion est très aléatoire (la densité variant entre 0 à N plants/ha).

Vu cette difficulté, nous avons adopté le concept de « station », à l'aide de fiches de relevé, qui correspond à une unité intuitive, liée à un certain niveau de perception, notion initiée dans les travaux **d'Epenoux (1992)** sur les relations milieu-production dans les objectifs de recherche de l'**I.R.S.T.E.A.** ayant pour objet la réalisation des fiches écologiques et d'outils de compréhension du milieu (catalogues des stations) concernant les différentes espèces méditerranéennes en vue des perspectives de leurs utilisations **(Bouvet, 1983; Richard, 1987 ; Tanghe, 1991 ; Nouals et Boisseau 1991; Alexiandrian, 1992 ; Rippert et Boisseau, 1993 ; Brochiero, 1997)**. Mais c'est surtout à partir du protocole d'échantillonnage réalisé en **1997** par **Vennetier et al.**, et son équipe, dans les études des potentialités forestières de la Provence calcaire (évaluation à petite échelle sur de grandes surfaces), que nous avons pu aboutir à un bilan biogéographique stationnel pour les deux composantes: composante climatique et composante topographique. Notre réflexion a été approfondie localement par les travaux du **B.N.E.D.E.R (1988 et 1989) et de Kaabeche (2003).**

Cependant, la classification générale en fonction du climat, récapitulée dans les travaux de **Kadik (1986)** nous paraissant la plus fiable car se rapprochant le plus aux résultats d'**Emberger (1955)** et surtout des plus récentes selon les bioclimats entre les limites de la mer et le désert, quoique toujours insuffisante, a permis de localiser, dans nos travaux, le zonage algérien préliminaire du Câprier le plus intéressant. De plus, la part des aspects génétiques étant vaste (hyperhybridation et polymorphie de l'espèce avec toutes les formes intermédiaires non élucidées encore), a suscité un découpage en entités plutôt très hétérogènes et presque inexploitables. Compte tenu des variables exceptionnellement discontinues aucune démarche n'a été possible.

A cette échelle, sous les orientations du spécialiste **Rippert** du **CE.M.AG.R.E.F.** on s'est forcé de considérer la démarche intuitive paraissant incontournable et sans sources d'erreur.
En conséquence cette enquête nous a permis en revanche d'exprimer aussi la grande variabilité en terme de prépondérance socio-économique du Câprier, utilisation méconnue jusqu'à nos jours : **phase introductive et partielle** à cerner éventuellement dans des approches analytiques futures, à partir de ces quelques données.

Par ailleurs l'avantage évident dans les études de Câprier réside dans le fait que si ses utilisations sont importantes dans le monde rural, les travaux sur les liens thérapeutiques-Câprier demeurent en vogue; projeter notre regard dans les travaux imprimés de succès scientifique et ayant connu une audience internationale (**Jiang et *al*., 2007 ; Tlili et *al*., 2010 ; Zhou et *al*., 2010 ; Kulisik-Bilusic et *al*., 2011 ; Moghaddasi, 2011 ; Boga et *al*., 2011 ; Mohammad et *al*., 2012; Bektas et *al*., 2012 ; Fallah Husseini et *al*., 2013 ; Nasab et Khosravi ; 2014 ; Masadeh et *al*., 2014**) suffit à démontrer l'urgence d'intégration du câprier dans les programmes de recherche sur la phytothérapie algérienne.

Finalement faisant suite à cette introduction, le choix de ce thème, a permis de faire asseoir des données de base :

Le premier chapitre (**Chapitre I**) propose une SYNTHESE BIBLIOGRAPHIQUE pour la présentation générale du Câprier, suivie d'un DEUXIEME CHAPITRE (**Chapitre II**) et d'un TROISIEME

CHAPITRE (**Chapitre III**), pour respectivement les germinations des graines par les méthodes de stratification et de traitements chimiques. Un QUATRIEME CHAPITRE (**Chapitre IV**), sous forme d'approche synthétique des unités biogéographiques nous offre les connaissances sur le milieu écologique. Il propose une correspondance entre ce milieu et les potentialités du Câprier. L'ensemble des résultats obtenus est approprié pour le développement rural durable des régions à Câprier.

Cet ouvrage donne l'opportunité de trouver, outre son originalité, une synthèse des connaissances sur le câprier sur le plan pratique (laboratoire, pépinière et terrain).

Au fil des pages, suggérées amplement avec de nombreuses illustrations, nous avons essayé de donner une description de l'espèce que nous espérons exempte d'insuffisances ; du moins prévoyons-nous qu'ainsi conçu, ce travail sous une forme scientifique, pourra rendre service aussi aux applicateurs.

Ce travail ne prétend être un document entièrement complet sur le Câprier mais d'une certaine manière, il en comblerait le vide rencontré actuellement dans les fonds documentaires en constituant un compagnon de terrain utile. Les données permettent de conduire toute recherche sur le thème. N'est – il destiné qu'à faciliter approfondissements pour ceux qui veulent s'attacher au Câprier algérien.

CHAPITRE I : REVUE BIBLIOGRAPHIQUE

1.1. INTRODUCTION

L'intérêt que suscite le Câprier algérien, dans cette mise au point documentaire poussée, va au-delà des attributs dont il fait l'objet à l'heure actuelle dans le monde. Certaines de ses fonctions et caractéristiques attirent grandement l'attention des agriculteurs, apiculteurs, spécialistes de l'agro-alimentaire, forestiers, gestionnaires de nombreuses institutions et des investisseurs.

Ses boutons floraux et leur qualité sont en effet particulièrement appréciés sur les marchés internationaux et de ce fait source de diversification des exportations, en raison de leur utilisation en tant que condiment, leur consommation pourrait s'accroître notablement, et il pourrait en outre faire l'objet d'autres utilisations biologiques intéressantes du point de vue économique, notamment dans le secteur des forêts, des pépinières, de l'environnement, de l'apiculture, de la phytothérapie, l'ornement paysager, le cosmétique et surtout la phytopharmacie.

Il n'est pas sans intérêt de rappeler qu'il s'agit d'une espèce dotée de « multivalence » écologique rare avec surtout une adaptation marquée aux sols marginaux de ce fait elle est susceptible de s'adapter aux questions agronomiques essentielles : la réduction des coûts de production.

Les recherches algériennes concernant cette plante visent en priorité son développement sur tous les plans y compris surtout scientifiques. L'état actuel des connaissances pratiques et bibliographiques sur cette plante étant défectueux, un recueil approfondi de données s'avère nécessaire.

Dans cette optique, les résultats émanant de cette représentation font l'objet de cette synthèse bibliographique, rapport auquel nous avons voulu conférer un caractère traitant divers aspects liés à son histoire, à sa systématique, à sa morphologie, à son aire d'extension, à son écologie, aux diverses utilisations, son exploitation économique et aux techniques de multiplication que nous avons voulu baser en outre sur une analyse de la littérature spécialisée. Cette volonté se justifie par le fait que l'on ne trouve pas de travaux spécifiques dans le fonds documentaire national et par le désir de susciter, chez la communauté scientifique, un intérêt justifié et accru pour le Câprier et les thématiques qui l'accompagnent par des approches expérimentales de laboratoire et de terrain.

PARTIE A : PRESENTATION GENERALE DE L'ESPECE

1.2. ORIGINES ET HISTOIRE DU CAPRIER.

Le *Tacuinum Sanitatis* (du latin médiéval), signifiant "tableau de santé", et dérivant d'un ouvrage arabe, le KitâbTaqwim as-sihha, composé au **XIeme siècle** par un médecin de Bagdad, **Ibn Butlân,** a décrit les câpres parmi les végétaux nécessaires à l'alimentation de l'homme. Au milieu du Xlll^{eme} siècle, une traduction latine, rédigée à la cour du roi Manfred de Sicile, assura la diffusion de ce traité en Occident où le Câprier venait sans doute d'être connu aussi par les premiers occidentaux. L'extrait de copie du manuscrit est illustré **(figure 1)** d'après l'exemplaire de Vienne qui offre, semble-il le texte le plus fiable. Parmi les 280 articles consacrés aux spécimens biologiques passés en revue dans les premières écritures, le choix de la rubrique (câpres dans le manuscrit et la notice qui lui est consacrée), montre que l'auteur évoque le Commerce prospère ayant connu un succès exceptionnel à l'origine ; ce qui laisse entendre qu'il a vécu sous un climat chaud avec probablement beaucoup de Câpriers à ses alentours. Le *Tacuinum* traite d'abord de la nature des câpres puis énumère les vertus thérapeutiques qu'on pourra mieux connaitre dans ce travail. Les œuvres complètes de Voltaire, Frédéric Mistral « Bdellium… » nous apprennent davantage avec philosophie sur les câpres.

L'équipe constitué de deux chercheurs appelés **Moldenke (1952)** écrit que le câprier est probablement d'origine tropicale. Il a toujours été utilisé à des fins alimentaires et médicales dans la région méditerranéenne. C'est dans la littérature grecque où les premières indications relatives à l'espèce sont transcrites ; elles concernent ses multiples usages. L'étymologie de son nom, d'origine grecque est inconnue et plus précisément, la première mention - toutefois-incertaine - du Câprier figure dans la Bible (Ecclésiaste 12 :5) : « où l'on redoute les lieux élevés, où l'on a des terreurs dans le chemin, ... où la sauterelle devient pesante et où la câpre n'a plus d'effet... ». C'est là une allusion métaphorique ou rhétorique à la vieillesse et les divers commentateurs y ont vu une référence à la perte de l'appétit que le Câprier peut susciter ou la perte du désir passionnel- « désir : terme utilisé par certains traducteurs des versets bibliques »-, compte tenu des vertus stimulantes et aphrodisiaques qui, selon la tradition populaire encore très vive, notamment au Maroc sont propres à l'espèce.

Fig. 1. – Image représentant des marchands de câpres - Tacwim es siha (traduction latine, au 13ème siècle, du manuscrit d'Ibn Bûtlan -médecin du 11ème siècle auteur de *Tacuinum Sanitatis*).
Source: **Bibliothèque Nationale de France.**

Indications alimentaires et médicinales

Faisant allusion à ses propriétés médicinales, la littérature grecque évoque le Câprier dans un ouvrage d'Hippocrate (IVème Siècle avant notre ère). Aristotèle et Théophraste en parlent également, mais Dioscoride donne davantage de détails dans « *De materia medica* » (II, 204), ouvrage dans lequel il en indique les diverses utilisations thérapeutiques.

Quant à la littérature latine, Pline l'Ancien mentionne le Câprier dans « *Naturalis historia* » (XIII, 127), pour l'usage alimentaire que l'on en fait. Galien le mentionne comme plante médicinale et Apicus « *De re coquinaria* » comme intervenant dans la composition des condiments (**Barbera, 1991**).

Indications agronomiques

Les indications agronomiques les plus complètes se trouvent dans un ouvrage de l'âge classique de Columelle (« *De re rustica* », XI, 3) : « Dans plusieurs provinces, le Câprier naît spontanément dans les terres en friche. Mais là où il y en a peu, il faut en planter. Le Câprier ne nécessite que peu de soins puisque c'est une plante qui pousse vigoureusement, même sur les terrains les plus déserts, sans l'aide du paysan (**Barbera, 1991**).

Indications gastronomiques françaises de renommée

Jusqu'au 17è siècle, les seules indications que l'on trouve dans la littérature sont reprises des auteurs classiques. Puis c'est à la suite du succès gastronomique que retrouvent les câpres à la renaissance qu'Olivier de Serres en parle dans « Théâtre d'agriculture » (XI, 6). L'auteur français prépare le succès commercial de la culture du câprier en Provence et dans le sud du Var au courant du 17è siècle. En 1735, **Pomet (in Lieutaghi, 1969)** écrit qu'il est « certain que toutes les câpres que l'on mange en Europe, à l'exception de celles qui proviennent de Majorque, viennent toutes de Toulon.

Déclin de la câpre française

Les câpres françaises perdent progressivement de leur importance jusqu'à nos jours. Les techniques culturales et les plantations sont abandonnées, si bien que la câpre appelée jadis, perle méditerranéenne par les friands et les connaisseurs, se retrouve rare voire substituée. La fameuse pâte condimentaire devenue le classique de la cuisine estivale et appelée abusivement tapenade est d'ailleurs souvent commercialisée sans câpres. A défaut de câpres, Pierre Dac devient auteur de la sauce aux câpres sans câpres. Les spécialistes des terroirs de Saint Cyr-sur-Mer ont vu leur seule ancienne usine à câpres transformée en centre d'Art. Des courageux comme ceux de Roquevaire (pays Sainte Baume) tentent de s'associer pour relancer les cultures de câpriers (**Lieutaghi, 1969**).

Les cultures du centre du bassin méditerranéen, qui se situent en Espagne et, en Italie, dans l'archipel des Eoliennes et dans l'île de Pantelleria, supplantent alors les petites cultures familiales provençales. Dans l'île de Pantelleria, qui tient la plus grande part de la production nationale, la culture étant déjà une tradition s'affirme au cours de ce siècle. En effet, **Calcara (1853)** note : « sur la côte méridionale de l'île et sur les roches arides pousse spontanément le Câprier ; les pauvres récoltent les boutons avant la floraison, pour les vendre à une classe de personnes qui, après les avoir triés suivant leur grosseur, les mettent dans la saumure et le vinaigre avant de les commercialiser ».

En Espagne, la culture de la câpre était aussi particulièrement florissante dans les îles Baléares : en 1875, ce pays en a exporté 170 quintaux en France et 380 en Amérique centrale (**Luna-Lorente et Pérez-Vicente, 1985**).

Puis en 2001, la découverte archéologique et originale de l'Amphitrite en France, une épave aux Aresquiers a démontré le dynamisme marchand des négociants provençaux vers 1839, entre autres, pour les câpres conditionnées en tonneaux (par Laurence Serra) sans oublier l'œuvre de Saint-John Perse (Prix Nobel-1960) évoquant le Câprier en Provence. Selon **Lieutaghi (1969),** on peut dire combien cette plante et la câpre étaient précieuses avant les règnes des accompagnements fabriqués par les géants de l'industrie alimentaire.

1.3. TAXONOMIE ET CARACTÈRES BOTANIQUES

1.3.1. Systématique

Selon la classification d'**Emberger (1960),** la systématique du Câprier est la suivante :
- Capparideae : tribu de Capparidaceae

- Capparidineae : sous-série de Rhoedales à fleurs hétérochlamydées à 4 ou 1 plus grand nombre de sépales, et comprenant les capparidaceae et les cruciferae.
- Capparidoideae : sous famille de Capparidaceae
- *Capparis* L. : Capparidaceae à feuilles non divisées, tégument de la graine luisant, 150 espèces des régions chaudes et subtropicales des deux hémisphères, manque en Amérique du nord.

Concernant les aspects taxonomiques du genre, nous notons que récemment le câprier a fait l'objet d'une révision systématique et a été intégré à la famille des brassicassées (anciennement crucifères).

1.3.2. Famille des Capparidacées

La flore méditerranéenne accueille des représentants de familles subtropicales ou tropicales que les contrées tempérées ne soupçonnent même pas, et parmi elles celles des capparidacées **(Paccalet, 1981)**.

Ces dernières regroupent des petits arbres, arbustes ou herbes. Parmi les caractères qui les distinguent des autres familles, plusieurs traits dominent :

Pour **Battandier et Trabut (1902)**, les Capparidées, dits de Jussieu, se reconnaissent par les caractères suivants : feuilles alternes, 4 sépales, 4 pétales, 4-6 ∞ étamines, Cent., ovaire atténué en podogyne.

Chez les écotypes méditerranéens, outre les formes botaniques décrites ci-dessous pour l'algéro-tunisien, d'autres particularités sont détaillées : les feuilles, simples ou composées, stipulées, sont parfois épineuses et des étamines en multiple de 6.

L'ovaire est souvent pédonculé et le fruit capsulaire ou bacciforme **(Polunin et Huxley, 1967) (figure 2-1)**.

Dans les subdivisions phytogéographiques sahariennes, **Quézel (1965)** intègre ces dernières (essences ligneuses) dans la série des essences de souche tropicale plutôt que septentrionale.

Elles sont très caractéristiques de la savane désertique à épineux et relativement fréquentes dans les paysages végétaux du Sahara central et méridional. Il s'agit du Câprier décidu (*Capparis decidua*), *Maerua crassifolia* et les espèces des genres *Cadaba* et *Boscia*.

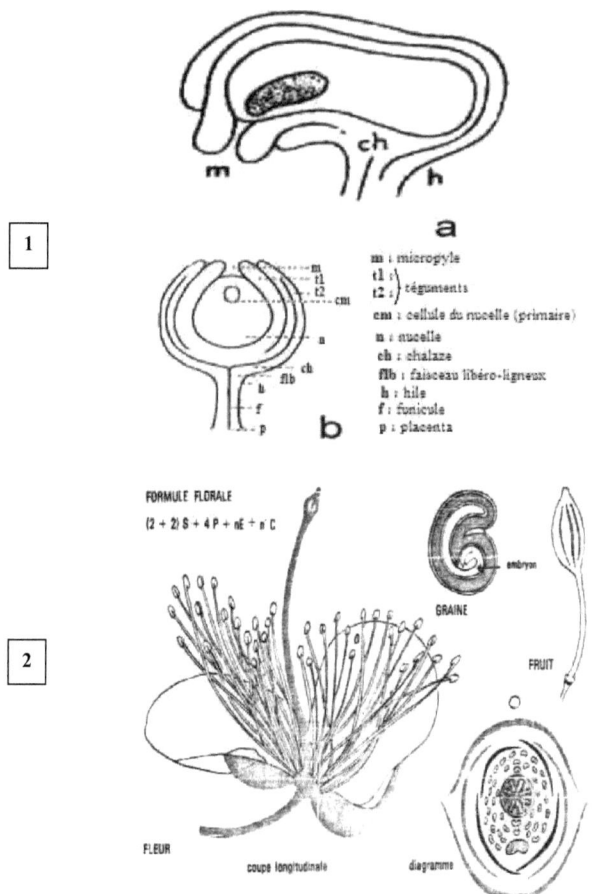

Fig. 2. 1- Schéma de la structure type campylotrope de l'ovule chez les capparidacées (a), structure type classique chez les angiospermes (b). Source : **Encyclopédie de la pléiade, Botanique (1960).**
2- Diagramme, formule florale et coupes longitudinales. Source : **Noailles, (1965).**

1.3.3. Affinités avec d'autres familles

De là provient sans doute la difficulté ou même le désintéressement de nombreux auteurs à admettre l'existence ou plutôt de décrire quelques-uns des hybrides de *Capparis*. En effet, les études font apparaître l'existence d'affinités, beaucoup plus intimes que les caractères de la morphologie externe des spécimens permettaient de prévoir.

Emberger (1960), dans son « Traité de botanique systématique », nous donne ici les renseignements les plus détaillés sur la description de l'homogénéité vasculaire et embryologique pour cette famille confirmant les affinités des Capparidacées avec les crucifères et les résédacées. Cet auteur précise l'hétérophyllie des plantules (cotylédons), caractère lié au génotype, héréditairement fixé et insensible à l'influence du milieu. Il note que l'organogénie de l'androcée montre le développement de cet organe par voie centrifuge où les ébauches staminales d'abord entières évoluent en bouquets d'étamines. Quant aux organes floraux accessoires, les nectaires sont des boutons floraux entiers.

La vue générale sur le phylum permet de visualiser les caractères généraux de l'ordre des Rhoeadales et le diagramme qui en sont significatifs (**figure 2-2**).

Le dictionnaire de botanique de Gatin (1975) fait mention de 450 espèces en précisant bien avec des fruits charnus dans les climats chauds.

En ce qui regarde cet aspect, il est intéressant de rapporter aussi la remarque énoncée dans **l'Encyclopédie de la pléiade intitulée « botanique » (1960)**, que dans la description des dialypétales chez les crucifèracées, on souligne que les capparidacées, famille très voisine, rappellent celles-ci par leurs graines, sans albumen à maturité, et par les cellules à myrosine que renferment leurs tissus (elles acquièrent à la mastication un goût de crucifères). Les fleurs présentent une singularité remarquable : le réceptacle floral s'accroît souvent beaucoup ; il atteint jusqu'à 30 centimètres de long et supporte les étamines (androphore) ou les carpelles (gynophore).

Enfin notre forte réaction à l'hyperhybridation ou polymorphie du câprier dans le terrain d'étude est vraiment significative (voir plus loin), Il serait contraire au bon sens de ne pas clarifier dans ce chapitre évitant de blâmables ou imprudents oublis, et évoquer encore **Emberger (1960)**, qui en se basant sur les caractères généraux se rapportant à l'ordre des Rhoeadales note :

L'ordre des Rhoeadales réunit cinq groupes de familles : le groupe des capparidacées, celui des crucifères, celui des résédacées, celui des papavéracées, et d'autres ... Les cellules sont sécrétrices particulières à myrosine. Celle-ci est une diastase dédoublant le myronate de potassium sinigrine, en glucose, en sylfocyanate d'allyle et bisulfate de potassium. Les cellules se colorent en violet par l'acide chloridrique (Hcl) à chaud.

Les Rhoeadales sont certainement filles des pariétales, dont elles ont les traits généraux, notamment la placentation, parfois l'anatomie et le plan floral. Embryologiquement, crucifères, résédacées et capparidacées sont très homogènes permettant d'établir des rapports avec les polycarpiques, mais aussi avec les myrtales. La systématique récente englobe *Capparis* dans les brassicacées qui sont les crucifères **(Judd et *al.*, 2011)**.

1.3.4. Aspects botaniques et taxinomiques

Le genre *Capparis* représenté dans la flore méditerranéenne et celle des pays orientaux, embrasse des espèces peu nombreuses. Il y a une équivoque quant au nombre qu'il y a réellement ; celle-ci dévoile des difficultés que le genre *Capparis* présente aux spécialistes de la taxinomie, ainsi que d'ailleurs les écarts de critères qui existent entre les systématiciens.

Ceci étant, et au vu de notre sujet d'étude loin d'un intérêt botanique stricte bien que subtile, nous nous saurions dissiper cette incertitude dans notre rapport.

Toutefois, le Câprier étant très peu cité en littérature algérienne et mal connu par nos techniciens puis reconnaissant la nécessité de constituer une première assise de données, il est facile de comprendre l'attention et la curiosité manifestées pour avoir réuni les premiers éléments détaillés dans ce travail. Uniquement, la présence ou l'absence d'épines y est évoquée comme particularité dominante.

Ainsi, une récapitulation bibliographique issue d'une analyse d'horizon et de plaine plus ou moins rigoureuse dans notre thèse, sur les espèces et variétés décrites, s'avère de réel intérêt pour apporter une ébauche quant à l'origine du matériel végétal pour le développement du Câprier algérien.

Nous avons cherché à réunir les connaissances les plus importantes ; et à notre avis les seuls travaux de mise au point récente qui ont le mérite de nous donner sciemment un aperçu du problème sont publiés dans l'article de **Zohary (1960).**

Pour éviter les contredits en insistant sur l'origine géographique, ils seront ici délicatement rapprochés aux citations remarquables des botanistes les plus distingués du moins pour la première espèce (ci-après). Aussi, d'autres auteurs peu spécialisés ou simplement des excursionnistes naturalistes ont pu rapporter à partir de coin et recoin surtout du désert des données s'avérant exploitables et palpables après vérification des rapprochements ou comparaisons.

a. Espèces et variétés décrites dans le genre *Capparis*

Zohary (1960) en dénombre six ainsi que différentes variétés :

Espèce 1 : *C. spinosa* L. ; var. *spinosa* ; var. *inermis* Turra ; var. *parviflora* J. Gay ; var. *aegyptia* (Lam.) Boiss. ; var. *aravensis* Zoh. ; var. *pubescens* Zoh. ; var. *deserti* Zoh.
Pour cette espèce, **Prosper (1581)** remarquait déjà parmi les plantes d'Alexandrie la présence de *C.spinosa* L. *et de C. aegyptia* Lam. En la désignant de Câprier proprement dit, **Trabut (1930)** dans son répertoire botanique de l'Afrique du Nord, réunit les noms de *Capparis pour C.spinosa et C.brachycarpa*. Ce dernier n'est jamais cité nulle part. Il va de même pour son travail réalisé plutôt en **1902** sur la flore algéro-tunisienne avec son collaborateur **Battandier** et établi sans précision et différenciation spécifique *C.spinosa* L., *C. ovata* Desf. et *C.* rupestris Sibth.

Mais antérieurement, dans la flore de France, **Rouy et Foucaud (1895)** notent dans le Var et les Alpes-Maritimes la forme C. *rupestris* Sibth. et Sm. décrite comme C. *orientalis* Duhamel, C. *vulgaris* Mar., C. *peduncularis* Presl, C. *spinosa* var. *inermis* Pers. ou encore C. *spinosa*. var *rupestris* Viv. Pour cette dernière forme, **Albert et Jahandiez(1908)** la signalent comme naturelle et identique aussi à C. *spinosa* var. *inermis* Pers. Elle est décrite comme plante glabre, épines stipuliformes fines, très courtes, promptement caduques, ce qui fait paraître la plante inerme.

Au Maroc, **Jahandiez et Maire (1932)** affirment la présence de six variétés avec le type: var. *canescens*(Coss) Boiss.- var. *coriacea* Coss.- var *rupestris*(S. et Sm.) Viv.- var. *ovata*(Desf) Batt.- var. *aegyptia*(Lamk.) Boiss.-var. *parviflora* Boiss.

Dans des relevés plus récents **(1978)** en Tunisie, **Boudouresque** cite le Câprier réuni dans C. *spinosa* L. ; var *canescens(Coss)* A.Bolos et C. *orientalis veillard*.pour le lieu dit S'ech Cherif près de Cheylus.

En Syrie, Palestine et au Sinaï, la variété *canescens* Coss est synonyme de C. *sicula* Duham. groupées comme tous les autres *Capparis* rencontrées d'ailleurs, dans le représentant **C.sodada (George Edward et John Edward, 1933)**. Ces auteurs décrivent pour la même région C.*glaberrima* Hand égale à la variété *glauca* Post. et C. aphylla Roth égale decidua (FORSK.).

Espèce 2 : *C. ovata* Desf. var. *ovata* ; var. *sicula* (Duham.) Zoh.; var. *herbacea* (Willd.) Zoh.; var. *palaestina* Zoh.; var. *microphylla* (Ledeb.) Zoh. ; var. *kurdica* Zoh.

Espèce 3 : *C. leucophylla* DC ; var. *leucophylla;* var. *parviflora* (Boiss.) Zoh.

Chahma (2006) note C. *spinosa* L. (synonyme : *C leucophylla* D.C.) pour le Sahara septentrional algérien.

Espèce 4 : *C. mucronifolia* Boiss. Pour **George Edward et John Edward (1933)**, elle correspond à *C. parviflora* Boiss

Espèce 5 : *C . cartilaginea* Decne. Selon **George Edward et John Edward (1933)**, elle est égale à *galeata* Fres.

Espèce 6 : *C . decidua* (forsk) Edgew.

Selon Barbera(1991) les trois espèces *(C. mucronifolia* Boiss., *C. cartilaginea Decne, C. decidua* (forsk) Edgew.), présentes dans les territoires désertiques proches de la Mer rouge et du Golfe persique, ont manifestement une origine tropicale africaine et sont à considérer comme des espèces provenant de la flore qui occupait ces zones à la fin du tertiaire. Dans la flore du Sahara occidental de **Monteil et Sauvage(1949),** on évoque les espèces suivantes : *C . decidua* (FORSK) EDA°G, *C. spinosa L* et *C. corymbosa LAM.*

Le groupe *: C. spinosa, C. ovata, C. leucophylla sont les espèces* les plus répandues (notamment la dernière) dans des régions plus étendues, bien qu'ayant elles aussi une origine tropicale, ont perdu leurs liens avec les espèces africaines en se développant de façon indépendante dans les territoires où on les trouve actuellement.

Selon **Zohary (1960)** elles auraient suivi l'évolution représentée dans la **figure 3**.

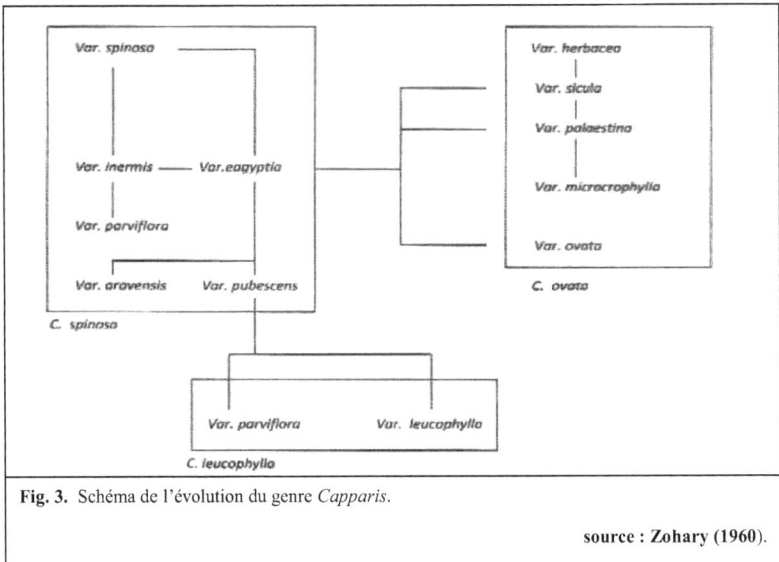

Fig. 3. Schéma de l'évolution du genre *Capparis.*

source : **Zohary (1960)**.

b. Espèces et variétés les plus répandues

b.1. Capparis spinosa L. var. *spinosa*

Ayant cherché dans les bases de données bibliographiques les traces les plus anciennes de cette forme d'espèce, nous n'avons trouvé des détails que quelques repères, grâce à la découverte faite en Irak (lieu : Tell es Sawwan), s'appuyant fort heureusement sur un matériel biologique très indicateur que sont les graines fossilisées. L'unique auteur **Renfrew (1973)** à l'avoir signalée, remarque qu'elles dateraient à peu près de l'an 5800 avant notre ère.

Au sein de l'affiliation des Capparidacées, le Câprier épineux, le *Capparis spinosa* des botanistes, décrit dans *Species Plantarum* par Linné en 1753 est un des représentants le plus remarquable.

Aujourd'hui, c'est la variété la plus répandue dans le nord du bassin méditerranéen **(Barbera, 1991)**.

Zohary (1960) déduit des *exicata étudiées,* qu'elle est présente en Espagne, à Minorque, en France, en Italie, en Yougoslavie, en Grèce, à Chypre, en Algérie, en Égypte, en Turquie et en Irak. Il écrit que selon toute probabilité, d'autres populations présentes dans d'autres pays d'Afrique du Nord (Tunisie, Maroc) et en Europe (Portugal) appartiennent également à cette variété. Selon cet auteur, cette variété est un écotype mésophysique de la variété *aegyptia* sélectionné par l'homme pour ses gros boutons floraux, qui a fini par se différencier considérablement de sa forme originale.

Cette variété originaire de BeniAziz à Sétif et longuement discutée avec Guittonneau, a été sélectionnée en définitive, pour les premières expérimentations destinées à propager le Câprier algérien en pépinière **(Benseghir, 1993)**. Sans le rapporter par écrit, le suivi laisse observer dans la progéniture un polymorphisme si saillant d'un plant à un autre avec tant de graduations que chaque plant obtenu pouvait être considéré, comme une forme botanique distincte. Une grande instabilité rendait notre tâche difficile et donc insensible pour s'y consacrer à l'époque. D'après **Barbera (1991)**, cette variété est surtout cultivée en Italie et en Espagne.

Toujours selon **Barbera (1991)**, un autre fait vient appuyer l'hypothèse de la forme la plus primitive de la plante qui est C. *spinosa* var. *aegyptia* ; on la trouve surtout dans les habitats primaires et elle présente une variété de caractères telle qu'elle peut comprendre tous ceux qui sont propres au groupe. Les espèces des pays de l'Europe méditerranéenne sont C. *spinosa*, avec les variétés *spinosa, inermis, parviflora* (sud de la France), *aegyptia* (Crète) et C. *ovata* avec la variété *sicula*. **Barbera(1991)** le cite dans ses travaux pour le même lieu. Il fait partie intégrante de la végétation rupicole **(Quezel, 1965 ; Vial et Vial, 1974)**.

Au sujet de cette affinité, et bien qu'il soit présent sur d'autres types de sol, nous verrons dans les prochains chapitres des points de vue pratiques et illustrés pour le cas algéro-tunisien qu'aucune autre espèce végétale ne l'emporte sur le Câprier épineux.

b.1.1. Description des caractéristiques botaniques

Port : C'est un arbuste sous-frutescent à feuilles caduques, « à tronc » ligneux, d'une hauteur qui se situe entre 50 et 80 cm pour les individus les plus vieux, et sur lequel se développent, à partir des bourgeons de la partie basale, de nombreux rameaux (**figure 4**) annuels, lignifiés uniquement à leur base, et pouvant atteindre, pour ce qui est des plantes cultivées, jusqu'à 3m. Le port peut être érigé, suspendu ou étalé rampant.

A ce sujet, les travaux de flore italienne de **Pignatti (1982)** repris dans ceux de **Barbera (1991)** le décrivent comme un « arbuste à rameaux ascendants, lisses, à lapex farineux ».

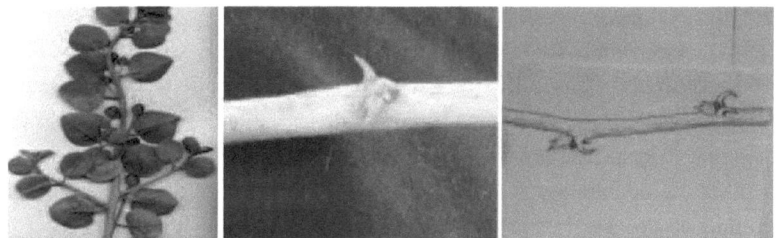

Fig. 4. Parties distales du rameau florifère de l'année (à gauche), détails du rameau ligneux avec épines (au centre et à droite).

Feuilles : Elles ont un pétiole d'une longueur se situant entre 3 et 10 mm et une lame ovale ou arrondie dont la largeur se situe entre 2 et 4,5 cm et la longueur entre 2,5 et 6 cm ; base tronquée ou vaguement cordiforme, extrémités arrondies ou, rarement, en angle obtus, sans mucron, stipules précocement caduques **(figure 5)**.

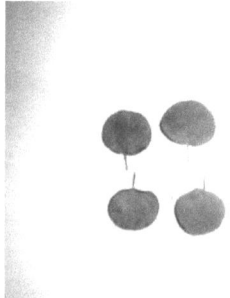

Fig. 5. Détail foliaire.

Fleurs : isolées à l'aisselle des feuilles supérieures, sur des pédoncules ayant de 3 à 8 cm ; boutons de 8 à 13 mm. Pour ce qui est de la description des fleurs, l'auteur renvoie à la description de la var *C. ovata* (voir ci-après), en précisant qu'elles sont plus grandes dans la variété *spinosa* : «fleurs à quatre sépales carénés, d'un rose pourpré, d'une longueur de 2 à 3 cm, et quatre pétales oblancéolés (14×40 mm) extrêmement ténus, blancs teintés de rose, surtout aux nervures ; étamines nombreuses, formant une touffe de 4 à 5 cm de long, munie de filaments violets aux extrémités ».

Fruit : a un long gynophore, c'est une baie monoloculaire, de 2 à 4 cm de long, de forme ovoïde, d'abord verte puis rougeâtre à maturité, déhiscente, et contenant de nombreuses graines. Celles-ci sont réniformes et ont une dimension maximale de 2 ou 3 mm.

Racines : Le système radiculaire moyennement ramifié, se caractérise par des racines charnues très développées et profondes.

Variabilité : Pour ce qui est de la variabilité de l'espèce, **Pignatti (1982, in barbera, 1991)** signale que les stipules peuvent se transformer en véritables épines. D'après **Zohary (1960)**, la présence de ces épines stipulaires, qui peuvent parfois être courtes et molles est caractéristique de la variété.

b.2. Capparis spinosa var. *inermis* Turra

Selon **Zohary (1960)**, elle se différencie de la var. *spinosa* par :

- la forme des rameaux pendants ;
- ses feuilles nettement ovales, à l'extrémité arrondie et à la base nettement cordiforme, parfois succulente, par l'absence d'épines, souvent caduques au stade juvénile.

Elle se retrouve fréquemment dans les rochers donnant sur la mer et les *exicata* étudiés par cet auteur proviennent de Majorque, Sardaigne, Sicile, Malte, Yougoslavie, Albanie, Grèce, Crète, Turquie, Tripolitaine, Marmarique, Abyssinie, Chitral et Cachemire sous de nombreuses formes intermédiaires entre cette variété et la variété précédente.

A propos de cette forme d'espèce, **Molinier (1981)** mentionne en plus un Câprier intermédiaire, la variété *sterilis* Ach. moins épineuse que le type et faisant passage à la variété *inermis* du Var à Marseille et à Aix.
De même pour le Câpriers dont les échantillons ont été prélevés sans épines à Annaba, Khenchella et Tébessa **(Benseghir et *al.*, 2007)**.

b.3. Capparis ovata var. *sicula*

La description que **Pignatti (1982 in Barbera, 1991)** donne de cette variété est la suivante : « tronc ligneux, tordu, à écorce gris-brun ; tiges grasses de couleur rougeâtre. Feuilles grasses glauques ; les plus jeunes étant couvertes d'un duvet farineux, pétioles de 1 cm ; feuilles ovales ou elliptiques (20-25×35-40 mm), à mucrons ; stipules ayant généralement tendance à former des épines. Boutons floraux de forme pyramidale à base triangulaire ».

En ce qui concerne les fleurs et les fruits, leur présentation est la même faite pour la var. *spinosa*. Toutefois, une différence est détaillée sur la pulpe des fruits tendant à prendre, à maturité une couleur pourpre.
Burnie (1996) décrit les baies avec une chair rose. Cet auteur décrit aussi pour l'espèce *Ovata* des feuilles oblongues à elliptiques, un peu poilues, aiguës et aux fleurs plus petites.

1.3.5. Autres espèces de *Capparis* dans le monde

Dans le Nord de l'Afrique, la présence de *Capparis sodada* a été transcrite par **Trabut (1930)**. Puis aux côtés de *C.ovata* Bonnet. du Sahara central, **Maire (1933)** décrit *coriacea* Coss. in Duveyrier et le fait correspondre à une variété de *C.spinosa* L.

Aussi, on est surpris de trouver dans les travaux de **Quezel (1965)** *Capparis decidua* décrit comme arbre fréquent et comme élément floristique majeur sur les sols limoneux-sableux profonds de la savane désertique à *Acacia –Panicum*.
Ce qui distinctement dépasserait en dimensions et en adaptation pédologique, les spécimens cités souvent comme arbustes de rocaille dans la littérature de *Capparis*. S'agissant d'une végétation de la portion méridionale du Sahara Nord-Occidental (savane à épineux) qui avait auparavant **(1940)** intéressé aussi **Maire**, il le décrit avec le même aspect.

Dans la référence de ci-dessus, **Quezel** redécrit *Capparis decidua* dans le Hoggar sous un autre type éthologique (plutôt nano-phanérophyte).

Puis, dans cette même partie du Sahara sous forme de buissons, **Zolotarewsky et Murat (1938)** le décrivent dans le lit d'oueds argileux se crevassant en période de sécheresse. Plus au Sud, dans les groupements de forêts d'épineux du Sahara méridional, **Quezel (1958 et 1965)** le signale installé uniquement dans les fissures de roches volcaniques compactes (en général basaltiques).

Enfin en s'intéressant à l'ethnobotanique du Cambodge, **Martin (1971)** décrit pour la famille des *Capparidacea* :
- *Capparis flavicans* **Kurz** : dit « arbre épine tête de démon » dont les feuilles fraîches sont consommées comme légumes ;
- *Capparis micracantha* **DC.** : ses fruits sont comestibles et les tiges et racines sont lactagogues, efficaces pour les troubles circulatoires et les accouchements faciles ;
- *Capparis sepiaria* **L.** : la tige est utile pour régulariser les règles d'où son appellation locale « arbre menstruation » ;
- *Capparis zeylanica* **L.** : dit « arbre leucorrhée » sans doute pour son utilisation en médecine populaire.

1.3.6. Liste des espèces de *Capparis* en Afrique du Nord
On dénombre 19 espèces (**Tableau 1**) :

Tableau 1 : Espèces en Afrique du Nord.		
Nom scientifique	Auteurs de l'identification	Année
C. spinosa	L.	1753
C. spinosa subsp. *aegyptia*	(Lam.) Kit Tan et Runemark	2002
C. spinosa subsp. *cartilaginea*	(Decne.) Maire et Weiller	1965
C. spinosa subsp. *orientalis*	(Duhamel) Jafri	1977
C. spinosa subsp. *rupestris*	(Sibth et Sm.) Nyman	1878
C. spinosa subsp. *spinosa*	L.	
C. spinosa var. *aegyptia*	auct.(2)	
C. spinosa var. *aegyptia*	auct.	
C. spinosa var. *aegyptia*	(Lam.) Boiss.	1867
C. spinosa var. *canescens*	Coss.	1849
C. spinosa var. *coriacea*	Coss. ex Maire	1933
C. spinosa var. *deserti*	Zohary	
C. spinosa var. *inermis*	Turra	1780
C. spinosa var. *kruegerana*	(Pamp.) Jafri	1977

C. spinosa var. ovata	(Desf.) Batt.	1888
C. spinosa var. parviflora	auct.	
C. spinosa var. pubescens	Zohary	1960
C. spinosa var. rupestris	(Sibth. et Sm.) Boiss.	1867
C. spinosa var. sicula	(Duhamel) Hausskn.	

Source : Anonyme 2014.

1.3.7. Liste des espèces en Chine

Parmi les 250 à 400 espèces des régions tropicales et subtropicales, il existe 37 espèces en Chine dont 10 endémiques (**Tableau 2**).

Tableau 2 : Espèces de *Capparis* identifiées en Chine.

Capparis spinosa Linnaeus, Sp. Pl. 1: 503. 1753.	*Capparis sabiifolia* J. D. Hooker & Thomson in J. D. Hooker, Fl. Brit. India. 1872.	*Capparis trichocarpa* B. S. Sun, Acta Phytotax. Sin. 1964.	*Capparis pachyphylla* Jacobs, Blumea. 1965.
Capparis himalayensis Jafri, Pakistan J. Forest. 1956.	*Capparis sunbisiniana* M. L. Zhang & G. C. Tucker, nom.nov.	*Capparis viburnifolia* Gagnepain, Bull. Soc. Bot. France. 1939.	*Capparis pubifolia* B. S. Sun in C. Y. Wu, Fl. Yunnan. 1979.
Capparis multiflora J. D. Hooker & Thomson in J. D. Hooker, Fl. Brit. India. 1872.	*Capparis acutifolia* Sweet, Hort. Brit., ed. 2. 1830.	*Capparis fohaiensis* B. S. Sun, Acta Phytotax. Sin. 1964.	*Capparis cantoniensis* Loureiro, Fl. Cochinch.1790.
Capparis zeylanica Linnaeus, Sp. Pl., ed. 2. 1762.	*Capparis subsessilis* B. S. Sun, Acta Phytotax. Sin. 1964.	*Capparis formosana* Hemsley, Ann. Bot. (London). 1895.	*Capparis floribunda* Wight, Ill. Ind. Bot. 1838.
Capparis hainanensis Oliver, Hooker's Icon. 1588. 1887.	*Capparis tenera* **Dalzell**, Hooker's J. Bot. Kew Gard. Misc. 1850.	*Capparis yunnanensis* Craib & W. W. Smith, Notes Roy. Bot. Gard. Edinburgh. 1916.	*Capparis chingiana* B. S. Sun, Acta Phytotax. Sin.1964.
Capparis henryi Matsumura, Bot. Mag. (Tokyo) 1899.	*Capparis urophylla* F. Chun, J. Arnold Arbor. 1948.	*Capparis masakai* H. Léveillé, Fl. Kouy-Tchéou.1914–1915.	*Capparis lanceolaris* Candolle, Prodr. 1824.
Capparis olacifolia J. D. Hooker & Thomson in J. D. Hooker, Fl. Brit. India. 1872.	*Capparis assamica* J. D. Hooker & Thomson in J. D. Hooker, Fl. Brit. India. 1872.	*Capparis sikkimensis* Kurz, J. Asiat. Soc. Bengal, Pt. 2,Nat. Hist. 1875.	*Capparis khuamak* Gagnepain, Bull. Soc. Bot. France. 1939.
Capparis micracantha Candolle, Prodr. 1824.	*Capparis dasyphylla* Merrill & F. P. Metcalf, Lingnan Sci. J. 1937.	*Capparis sepiaria* Linnaeus, Syst. Nat., ed. 10. 1759.	*Capparis fengii* B. S. Sun, Acta Phytotax. Sin.1964.
Capparis bodinieri H. Léveillé, Repert. Spec. Nov. Regni Veg. 1911.	*Capparis wui* B. S. Sun, Acta Phytotax. Sin. 1964.	*Capparis pubiflora* Candolle, Prodr. 1824.	*Capparis versicolor* Griffith, Notul. Pl. Asiat.. 1845.
Capparis membranifolia Kurz, J. Asiat. Soc. Bengal, Pt. 2, Nat. Hist. 1874.			Source : Anonyme (2008).

1.3.8. Remarques utiles sur les différences essentielles entre les espèces

Les différences n'étant pas très bien limitées, l'on ne peut parler que d'intermédiaires.

Pignatti (1982, in Barbera, 1991) note que les noms des deux espèces *(C. spinosa et C. ovata)* sont particulièrement mal choisis parce que *C. spinosa* a des feuilles nettement plus ovales que celles de *C. ovata*. En revanche, les épines de cette dernière sont plus développées que celles de la première.

Zohary (1960) précise que le zygomorphisme des pétales et des sépales, certains caractères anatomiques des nectaires et la forme des feuilles séparent nettement la var. *ovata* de toutes les autres. L'extrême polymorphie notamment en ce qui concerne la forme et la pubescence des feuilles peut aller de la var. *ovata* rencontrée en Afrique du Nord-ouest jusqu'à la var. *aegyptia* rencontrée en Crète et à Chypre.

Par ailleurs, *C. ovata* var. *ovata* est une variété rare, présente quasi exclusivement en Afrique du Nord-ouest. A ce propos, dans la flore et la végétation du Sahara central, **Maire (1933)**, la décrit en revanche sous la forme de *C. ovata Bonnet*. A son tour, **Burnie (1996)** la mentionne répandue dans les régions plus arides et comme espèce proche à *Capparis spinosa L*.

Tandis que la variété *sicula* est commune dans les pays méditerranéens à l'exception de la région syro-libanaise. L'auteur cité précédemment en a vu des exemplaires provenant d'Espagne, d'Italie, de Yougoslavie, de Grèce, de l'archipel de la Mer Egée, de Chypre, de Turquie, du Maroc, d'Algérie, de Tunisie, et de Tripolitaine.

Conclusion

Il convient de faire observer que l'on voit fréquemment à l'intérieur du genre, des hybridations et des croisements entre différentes espèces ou variétés. C'est pourquoi il faut souligner qu'au-delà des principaux caractères taxinomiques exposés ci-dessus, relatifs aux *taxa* signalés par les auteurs cités dans le présent chapitre. Il n'est pas toujours aisé de définir les populations cultivées ou naturelles avec une précision suffisante sur la base de la bibliographie disponible ; aucune étude approfondie n'ayant encore abordé le sujet. Il nous a été juste possible de consulter la bibliographie française très vaste sur le Sahara (proche du centre génétique initial de dispersion présumé) qui semble traduire ou laisse deviner les affinités génétiques du Câprier avec tous les autres *Capparis*.

La facilité, déjà évoquée, avec laquelle les espèces et variétés se croisent entre elles, laisse dire qu'il existe probablement une forte compatibilité des Rhésus comme on le constate chez d'autres plantes et qu'il ne sera pas superflu de rechercher en contrôlant et suivant des protocoles expérimentaux en champs algéro-tunisien.

Barbera (1991) note déjà que les populations cultivées en Italie présentent souvent des caractères intermédiaires, principalement en ce qui concerne la présence d'épines, la couleur et la taille des fleurs, puis la longueur et la forme de la baie, la forme des boutons, leur couleur, les rameaux rampants ou ascendants, les tiges glabres ou cotonneuses ainsi que les feuilles coriaces ou pas, pubescentes ou pas, leur forme, leur longueur ainsi que celle du pétiole, la couleur et leur longueur. Leur tendance à se colorer en rouge, surtout au début et à la fin de la période végétative est importante.

Lors des ses fréquentes expéditions méditerranéennes, (Guittonneau, comm. Pers) observe ses colorations de type franchement anthocyaniques des rameaux, feuilles et boutons floraux fréquemment sur sols schisteux ; remarque ou hypothèse qui semble manifestement trouver application dans un site à Câprier (Bordj Bou Arreridj) visité lors de notre enquête. Quant aux épines, leur présence, absence ou pseudo-inerme semble, pour nous, un indice fondamental de spécificité et de diversité, et ce par souci de manipulation en phase culturale.

1.3.9. Répertoire des noms vernaculaires du Câprier

Il s'agit de la nomenclature des appellations vernaculaires utilisées dans le monde et en Algérie pour *Capparis*

Le recueil, des appellations locales relevées sur le terrain par nos soins et transcrites pour la plupart dans les flores, puis parachevées sommairement par les dénominations étrangères reproduites dans la littérature, doit son caractère en particulier aux deux faits suivants :

Le premier, c'est la confusion établie entre espèces de Câprier ; à l'exemple de *C. ovata* évoqué de façon incertaine comme le confirment **Blamey et Grey-Wilson (2000)** et ce, du fait de confusion avec *C. spinosa*.

Le second, il est avec d'autres espèces lointaines même à la famille des capparidacées, parfois cultivées pour la phytothérapie comme :
- la capucine ou cresson d'inde et les espèces de Millepertuis. En Tunisie (environs de Gardimaou), l'Atriplex halimus, fourragère tolérant la sécheresse, porte le nom classique du Câprier **(Letourneaux, 1884)**.

Tout au long de ce travail, on n'a pu alors se résigner prudemment à adopter l'orthographe vernaculaire correspondant aux écritures latines suivie par les auteurs de renommée ou adoptée de façon certaine par d'autres.

C'est depuis l'origine (Théophraste) des transcriptions sur le Câprier que cette question est rassemblée autour des noms mondiaux de l'espèce (250 à 400), si bien d'ailleurs qu'alertés par le sujet, en **2002 Inocencio *et al.*, et Rivera *et al.*,** ont terminé sous la pression des interrogations, par y consacrer des recherches poussées.

On est fondé à admettre l'existence avérée de confusions compte tenu des égarements éprouvés sur notre terrain d'étude voire dans les écrits aussi quand nous établissons des rapprochements. En effet au cours de l'herborisation de quelques échantillons déjà difficile à l'identification sans des études génétiques, nous avons jugé complètement incohérent de laisser cette équivoque et donc d'étayer, quoique non exhaustif encore, ce point dans le **tableau 3** :

Tableau 3 : Répertoire de quelques noms vernaculaires du Câprier dans le monde.

Espèces	Noms	Pays	Auteurs	Observations
Capparis spinosa	El Kabbar – Teililout – Teilouloût	Maroc occidental	Nègre (1961)	Régions arides
C. spinosa	Taïlouloût – Tilculat – Toulouloû – Belachem	Tunisie		
C. brachycarpa	Tsaïlalout – Ouaïloulou – Kabbar : كبار – Kronbeiza : كرنبيزة – Felfel el djebel : الجبل فلفل – Açef : اصف – Chalem : شلم	Maroc	Trabut (1930)	
	Toulouloût, khrounbeiza	Algérie-Afrique du Nord	Trabut (1935)	
C. spinosa L. C. decidua (FORSK.) EDA°G.	Amsëilïh ëignïn	Sahara occidental	Monteil et Sauvage (1949) Monteil (1953	Dialecte : chleuh (spécial amazigh)
C. corymbosa LAM.	Lahlëifœ, lbülgi			
C. flavicans Kurz	Khba:l yɛak	Cambodge, Vietnam, Thaïlande, Birmanie		
C. miracantha DC	Ba:y da:c	Asie tropicale	Martin (1971)	
C. sepiaria L.	Daəm ro:k krɒhɒ:m	Asie tropicale jusqu'en Australie		Langue : khmer
C. zeylanica L.	Daəm ro:k sᴅ	Asie tropicale		
C. spinosa L.	山柑属	Chine	Anonyme (2008)	Langue : chinois (phonétique: shan gan shu)
C. spinosa L. C. aegyptia Lam.	Kabbar-Cappar	Egypte	Bedevian in Prosper (1581)	Termes courants arabes pour désigner les 2 espèces
C. sodada = C. aphylla Roth = C. decidua (Forsk.)	Sawdâd/tundûb		Trabut (1935)	
C. sicula Duhamel = C.spinosa var.canescens Coss	Ul asaf = hab'aviyyônah	Algérie-Afrique du Nord		
C. aegyptia Lam.	Lassaf = kabar			Qabbar pour aegyptia, en petite Kabylie sur terrain (dans le système de transcription arabe, 21ème lettre)
C. cartilaginea Decne.=C.galeata Fres.	Lassaf			
C. sodada	Toundoub et habriga			

Tableau 3(suite) : Répertoire de quelques noms vernaculaires du Câprier dans le monde.

			George Edward et Jonh Edward (1933)	Appellations très proches de Trabut (1935)
C. sodada	Kabbâr	Syrie, Palestine, Sinaï		
C. spinosa L.	kabar, lacef, acef, racef, nacef, saleb, el ketin		Issa (1927)	Latin, français, anglais et arabe.
Var. rupestris	Chefleh, ouerd el djebel, chouk el hamar	Egypte		Câpre = Toufahet el ghourab, thoum el haïa, ineb el haïa= ophiostaphylon (du grec –ophis :serpent et staphylo :luette ou grain de raisin
Var. guenuina	koubbar	Syrie		
C.apphylla ROTH= C. sodada R. BR.= C.decidua FORSK.= sodada decidua FORSK.	Hombac d'Arabie = soudad = toundeb = hounbek			Allusion au mot anglais : Caper-berry
C. mirthridatica Forsk.	Chaïker			
c. gabata FRES.	lacef	Yemen		
Capparis spinosa	Tapeinier = Taperier	Provence Française	Laurent (1937)	Tapéno = Tapenos = Câpre pour Lieutagui (1969) et Gatin (1975)
	Tapénier	Var	Albert et Jahandiez (1908)	
	Câprier commun		Fournier (1952)	
	Câprier		Molinier (1981), Gatin (1975), Girerd (1978)	
	Caper-plant, Caper-berry		Issa (1927)	en anglais

Il apparaît indispensable de noter que la nature nous offre une gamme très variée de plantes dont les organes floraux ressemblent fortement aux câpres et dont il faut se méfier.

- *Capucine* (*de Capucin*), à feuilles rondes et à fleurs orangées. Familles des tropéolacées.

Dans l'encyclopédie de la pléiade intitulée « botanique » (1960), on peut lire : les Tropaeolum majus et minus, plantes plutôt ornementales originaires de l'Amérique du Sud sont des Tropaéolacées répandues dans nos jardins. Leur fruit est par suite employé comme condiment à la façon des câpres. Ses principaux constituants sont l'huile essentielle, acide ascorbique, de l'hélénine et de l'hétéroside sulfuré **(Caudron, 2005)**. Ce dernier composant rappelle par là la molécule présente aussi dans le câprier.

- On falsifie aussi parfois les câpres avec les boutons à fleur d'une renonculacée : *Caltha palustris* (Populage ou Souci d'eau). C'est évidemment une fraude grave et interdite. Elle est rustique, commune et prolifère dans tous les terrains humides et au bord des ruisseaux (**figure 6**) (**Becker, 1988 ; Fournier ,1952**). **Chaucrin et Faideau (1926)** notent aussi les genêts dont les fausses câpres ont, près de la queue, un petit éperon.

Certains auteurs ont bien raison d'insister sur cet aspect car certaines plantes utilisées frauduleusement comme étant câprier sont toxiques : les feuilles du populage, par exemple, sont puissamment vomitives et d'ailleurs d'une âcreté si intolérable que les animaux ne s'en approchent jamais. En revanche le feuillage de Câprier est comestible. De plus, il en va de même pour beaucoup d'espèces dont la confusion des bourgeons avec ceux du câprier peut être donc dangereuse (**Becker ,1988**). Autrefois, les ruraux, nos grands–pères par expérience sans doute antique ou œil averti, ne s'y méprenaient pas pour de nombreuses espèces. Ils savaient d'instinct ou par tradition qu'il ne faut pas avoir confiance. Les citadins d'aujourd'hui, interpelés par les gros industriels pour fourniture précipitée de marchandise en quantité ou aussi ayant perdu tout contact avec la nature, quand ils y sont lâchés, sont capables des pires erreurs. Ces dernières peuvent être évitées avec une moindre prudence ou moindre connaissance botanique. Sans doute faut-il connaître et savoir reconnaître celles généralement confondues au câprier et qui ne pourraient le remplacer ; elles sont détaillées par les figures qui suivent (**figure 6**).

Fig. 6. Espèces substituées au câprier concernant la consommation de câpres.

1.4. AIRE DE REPARTITION DU CAPRIER
1.4.1. Distribution mondiale

Le câprier est une espèce répandue sur le pourtour méditerranéen. Son aire de répartition mondiale (Afro-Eurasie) a été précisée par **Jiang et al. , (2007)** (**figure 7**).

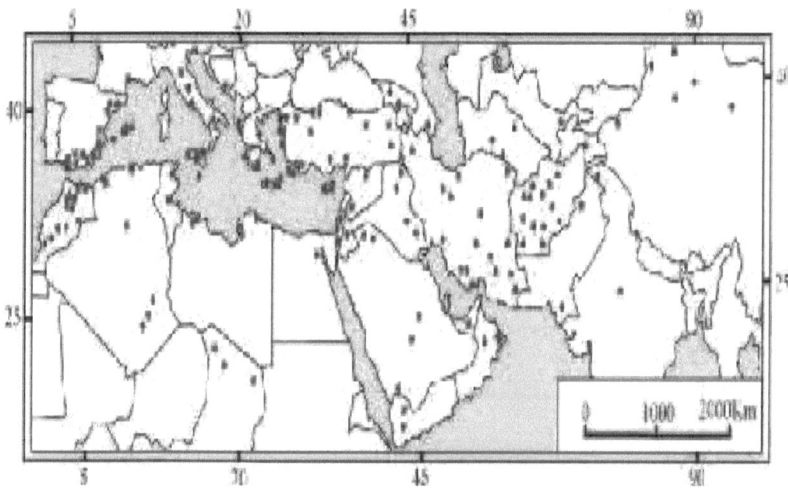

Fig. 7. Distribution naturelle du Câprier en Afro-Eurasie. **source : Jiang et *al.*, 2007**

On remarque alors qu'il s'est localisé de façon éparse aussi en divers points.

En effet, sa spontanéité non douteuse puis l'interaction entre les dynamismes écologiques, et celles sociales induites par la plante, surtout comme objet d'usage condimentaire tout au début des introductions nous fait signaler qu'il est le plus cantonné dans le bassin méditerranéen et surtout la côte occidentale des deux rives, et plus au moins marquée par celle espagnole.

1.4.2. Situation dans le pourtour méditerranéen

Étant le type le plus ancien, le Câprier épineux *(Capparis spinosa* L. var. *spinosa)* est la variété qui demeure aujourd'hui la plus répandue dans le nord du bassin méditerranéen.

Zohary (1960) déduit des *exicata,* qu'il a pu voir qu'elle est présente en Espagne, à Minorque, en France, en Italie, en Yougoslavie, en Grèce, à Chypre, en Algérie, en Égypte, en Turquie et en Irak.

Il écrit que selon toute probabilité, d'autres populations présentes dans d'autres pays d'Afrique du Nord (Tunisie, Maroc) et en Europe (Portugal) appartiennent également à cette variété.

D'après **Barbera (1991)**, cette variété est surtout cultivée en Italie et en Espagne.

Pignatti (1982 in Barbera, 1991) décrit une localisation italienne de *Capparis spinosa* var. *inermis* Turra.

En se référant à la variété *inermis*, la variété *spinosa* est présente en Italie méditerranéenne, Sicile, Sardaigne et Corse ; certainement spontanée uniquement dans les îles et péninsules du Nord, jusqu'à la Ligurie et les Abruzzes ; dans le reste du territoire, subspontanée jusqu'aux pieds des Alpes.

1.4.3. Répartition en Afrique du nord
a. Distribution en Algérie

Les premières sources d'information à ce sujet nous renvoient à la carte de localisation des sites naturels de câprier (**cf. chapitre IV**) réalisée par nos soins à l'aide de prospections sur le territoire nationale.

En Algérie, il n'est cultivé que dans de rares situations en Kabylie (haies).

Sauvaigo (1943) note que le câprier du littoral méditerranéen ne se montre sauvage que sur la côte algérienne.

b. Localisation en Tunisie

La distribution du Câprier tunisien est représentée dans la carte (**figure 8**) présentée dans les travaux de **Ghorbel et *al*, (2001)**.

Dans cet ouvrage, on procède par un rajout de deux sites situés dans le secteur numidien (Tabarka) et sans le secteur nord-est tunisien (cap bon) (**cf. carte chapitre IV**).

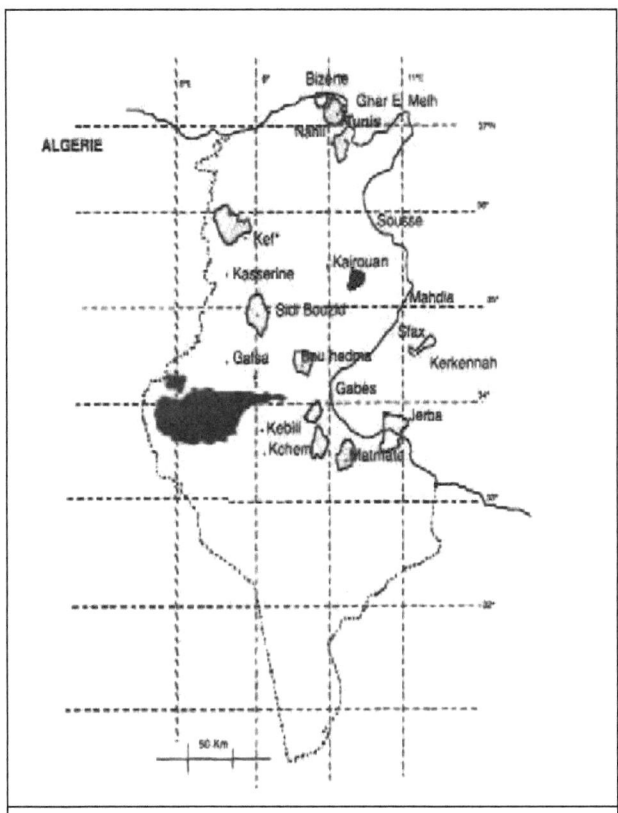

Fig. 8. Carte de distribution du Câprier en Tunisie.

Source : Ghorbel et al., (2001)

c. Localisation au Maroc

Les principales régions naturelles du caprier sont : Fès, Meknès, Taounate, Taza, Safi, Al Hoceima, Taroudnat, Marrakech et Essaouira **(I.N.R.A. Rabat. 2011)**.
Moret (1937) et **Benabid (1976)** signalent qu'il se trouve en colonie implantée presque sur tout le territoire marocain.

1.5. ECOLOGIE DU CAPRIER
1.5.1. Altitude

Il est rencontré dans plusieurs régions allant des régions côtières jusqu'aux zones continentales à plus de 2000 m d'altitude. Ses exigences en température sont assez larges, on le rencontre même dans les zones où les basses températures atteignent des niveaux très bas.

1.5.2. Climat

a. Températures

Au Maroc, selon **Lakrimi (1997)** le Câprier croît sous des températures minimales entre 6 à 12 °C et maximales entre 22 à 35°C. Il tolère des températures extrêmes allant de – 4 à plus de 40°C.

b. Précipitations

Le câprier est une plante xérophyte qui présente des caractéristiques morphologiques et physiologiques lui permettant de tolérer les conditions climatiques des zones arides et semi-arides.

c. Insolation

Le câprier est une plante héliophile. En quête de lumière il est toujours en exposition sud et sud-est.

d. Humidité

Il est indifférent à l'humidité de l'air puisqu'on le trouve à Annaba, La Macta-Mostaganem, Tabarka, El Houaria-Tunisie en face de la mer **(cf. Chapitre IV)** ; **Ghorbel et al., (2001),** le mentionnent également à Bizerte **(figure 8).** Parmi les plantes de la rocaille marine de Cap Carbon-Bedjaia, il est cité par **Gehu et al., (1992).**

e. Vents

Le câprier se développe normalement sur des collines exposées aux vents pendant plusieurs mois de l'année alors que dans certains sites des dégâts considérables dus aux vents sont observés sur des oliviers cohabitant avec le Câprier (dénuement des rameaux, inclinaison, etc…).

Le câprier tolère parfaitement les vents marins chargés de sels, ce qui signifie que le câprier doit manifester également une certaine tolérance à la salinité. Il faut noter que vers le sud marocain, il est surtout limité à la zone côtière sur les embouchures des oueds qui donnent sur la mer, regroupant des sites exposés directement aux vents marins chargés de sel **(Lakrimi, 1997)**.

1.5.3. Topographie

Le câprier se développe sur les falaises, les gorges, les talus, les sols rocheux, les berges d'oued les points hauts des talwegs, comme on le retrouve sur les vieux murs. Le câprier est assez fréquent sur les rochers et les pentes escarpées **(Lapie et Maige 1914)**.

Selon **Maire (1933)** au Sahara central, il pousse au pied de la falaise basaltique dans la gorge d'Imarera vers 1950 m, dans les fentes des rochers verticaux à côté *d'Ephedra altissima*.

1.5.4. Sols

On ne reconnait pas au câprier des limites géologiques. Au sahara du coté du Tassili (Djanet), on le rencontre aussi bien entre les blocs de granite que dans les akbas ou sur le plateau **(Benchelah et *al.*, 2000)**.

Sur un substratum géologique constitué tantôt de dolomie récifale et tantôt de calcaire, dans le sud marocain (entre Essouira et Tamanar), **Benabid(1976)** localise à 400-600 m d'altitude une association rupicole.

Il pousse à l'état spontané dans toute la région du littoral de Safi jusqu'à Mogador, en profondeur son aire de dispersion s'arrête généralement à la limite de la zone rocheuse. On le rencontre en de nombreux points du Maroc **(Moret, 1937)**.

En Algérie, le câprier semble préférer les sols légers, bien drainants avec un pH neutre à alcalin. Dans certaines régions on le retrouve sur des sols légers sablonneux limoneux à pH 7,5 à 8. Dans la région de Mila (Rouached), on le rencontre sur des sols argileux et peu drainants. L'analyse de quelques échantillons de sol prélevés sur des sols naturels et sur des anciennes cultures de cette région a montré que les sols sont pauvres en éléments minéraux et moyennement riches en matière organique. Ce sont également des sols très riches en calcaire et à pH alcalin **(Benseghir et Séridi, 2005$_b$)**.

Dans la région provençale française, le câprier est signalé sur les murs des champs montueux et dans les terrains secs et graveleux **(Roux, 1881)**.

Dans le sud marocain occidental, il est localisé surtout sur les rochers calcaires ou marno-calcaire verticaux **(Nègre, 1961)**.

1.5.5. Végétation, valeur phytosociologique

En Algérie du Nord, en amont de Bou Medfaa, **Wojterski et** *al*, **(1985)** cite dans leurs relevés à oued Djer sur une bande de plusieurs kilomètres caractérisée par une végétation à laurier-rose (*Nerium oleander*), le Câprier épineux s'attachant en solitaire aux pentes abruptes, parfois même verticales. Dans leurs travaux, ils le mentionnent aussi parmi les plantes de fissures de roche du cap Carbon à Bejaïa. L'inaccessibilité de terrain dans ce site, protège la flore de l'intervention de l'homme, seuls les incendies, qui se répètent ici malheureusement assez souvent, restent un fléau inévitable. Dans cette ambiance de fissures de roches, les quelques espèces rencontrées au voisinage de *Capparis spinosa*, dignes d'être mentionnées, sont : *Anthyllis vulneraria, Arisarum vulgare, Asperula hirsuta, Biscutella didyma, Campanula erinus, Chamaerops humilis, Cotyledon umbilicus-Veneris, Festuca caerulescens, Fumaria capreolata, Galium tunetanum, Helichrysum stoechas, Hyoseris radiata, Kentranthus ruber*, ...

L'étude, de la transition entre les bioclimats subhumide, semi aride et aride dans l'étage thermo-méditerranéen du tell oranais, **Aimé (1991)** signale *Capparis spinosa* comme espèce compagne dans *l'Hyparrhenio hirtae-Lavanduletum multifidae* à côté des autres compagnes : *Lobularia maritima, Plantago albicans, Paronychia argentea, Asteriscus maritimus, Amphinomia lupinifolia, Lavatera maritima, Scilla lingulata et Ephedra major*.

Dans ses travaux en Tunisie raccordés à l'ensemble orographique (Djebel Mansour), **Boudouresque (1978)** cite le Câprier (*Capparis spinosa* L. var. *canescens* (Coss) A.Bolos = *Capparis orientalis* (veillard) dans des groupements divers sur marne à 460 m d'altitude et décrit avec des particularités de relevés de végétation très clairsemée (recouvrement moyen de 25,6%) appartenant aux *Ononido-Rosmarinetea*, aux *Rosmarinetalia* et au *Rosmarino-Ericion*. Ses relevés (lieu dit S'ech Cherif près du Cheylus) en exposition sud sont effectués sur des versants abrupts (150 % de pente) des grands ravins encaissés de bassin versant et creusés dans des marnes révélant la présence caractéristique de *Putoria calabrica* et *Capparis spinosa*. Il signale que ce dernier est un taxon rencontré dans des biotopes assez divers où les chaméphytes sont souvent majoritaires à 38,1% dont le Câprier. Dans certains relevés, la présence de la bruyère multiflore (*Erica multiflora*) et celle du genêt cendré (*Genista cinerea*) peuvent néanmoins permettre de considérer ce groupement comme une association à *Putoria calabrica* et à *Capparis spinosa* du *Genisto-Ericetum multiflorae*. Pour le groupement de cette station, il note avec insistance le détail de l'humidité extrêmement faible du sol tant en surface qu'en profondeur.

La comparaison à d'autres groupements décrits par **Chaabane (1993)** pour la végétation du littoral septentrional tunisien mérite d'être faite. Il s'agit du *Tetraclino (articulatae) - Cyclaminetum persici capparidetosum spinosae* et *calicotometosum intermediae* où *Capparis spinosa*, l'une des différentielles du *Capparidetosum spinosae* est présent dans les relevés situés entre 20 à 300m d'altitude (la plus fréquente est autour de 35m) sur une pente moyenne de 30% (minimum 10% et maximum 50 %).

Le positionnement des relevés est korbus, Ras Zbiba, Sidi Daoud et Bordj Sedrya. Il est intéressant de souligner ici son intégration à des groupements végétaux dont le recouvrement atteint une moyenne de 80%.

Il s'agit d'une situation exceptionnelle pour le Câprier, le sachant repousser fréquemment l'envahissement par la végétation, voire le voisinage immédiat dans de nombreuses autres stations forestières. Ici, les riverains plantent le câprier dans les clairières.

1.5.6. Le Câprier dans le milieu saharien – dynamique exceptionnelle

Dans leur synthèse « Sahara milieu vivant » résumant leurs prospections dans le vaste désert, et citant plusieurs fois le Câprier, les auteurs **Vial (1974)** notent que ce végétal prospère dans le Sahara central. On le retrouve, hors du désert, sur le pourtour du bassin méditerranéen. Ceci fait croire que le Câprier, tellement bien adapté à la rigueur désertique, est d'abord une plante du désert pouvant toutefois s'étendre ailleurs.

En effet, si l'accès du désert se trouve interdit à de nombreuses espèces méditerranéennes; le Câprier s'y maintient, grâce à des dispositifs spéciaux d'adaptation, lui donnant la possibilité de supporter la vie au Sahara. En parcourant d'autres travaux **(Quezel, 1965)**, on a l'impression que le Câprier se maintient même si les conditions de vie outrepassant des limites écologiques somme toute assez strictes.

Pour réduire la perte en eau provoquée par la transpiration, très active ici du fait de la sécheresse et de l'agitation de l'air, le câprier faisant partie des végétaux permanents du Sahara, met en œuvre ses moyens d'adaptations. Les feuilles sont recouvertes par une cuticule cireuse **(Vial et Vial, 1974) (figure 9)**.

Fig. 9. Aspect cireux sur le feuillage.

On pense que l'aspect plus ou moins charnu du feuillage que la plante perd en hiver ailleurs, est aussi mis en cause ; cette partie constitue un léger réservoir aquifère. Peut-on penser aussi, comme pour les plantes épineuses fréquentes au Sahara, que les épines dures du Câprier surprenantes par leur aspect contribueraient de plus à son adaptation pour lutter contre la sécheresse.

Concernant le système racinaire, un jeune câprier est capable de s'enraciner profondément et très vite ; il doit pouvoir aller chercher les traces d'eau emmagasinée dans les fissures de rocailles et par là résister de même au déchaussement par le vent. Ces mécanismes complexes d'adaptation bouleversent donc la morphologie de ce végétal ; il lui donne naissance à un type biologique variable sur un substratum et un relief déterminés sous forme de variétés différentes escamotant ainsi durant toute sa vie des situations difficiles (pauvreté générale en eau, extrême irrégularité du régime hydrique, chaleur et lumière accélérant l'évaporation, contrainte éolienne) (**Benseghir et séridi, 2005$_b$**).

Par ailleurs, on constate de façon évidente la variabilité de son comportement racinaire en conditions humides. Il s'y soustrait en empruntant le paramètre topographique (pentes raides, falaises, gorges et berges d'oueds) comme il le fait si bien en massifs montagneux du Sahara et où la moindre trace d'humidité fait germer les plantules à partir de graines transportées par les volatiles (**cf. chapitre IV**).

Selon de nombreux auteurs comme **Vial (1974)**, le Câprier se trouve en situation pas moins variée selon les secteurs du pays rude: ravins profondément encaissés éventrant le plateau de la hamada avec des parois abruptes, dans une structure interne en colonnes déchiquetées, réseau de pentes anciennement attaquées par les eaux de ruissellement, effondrements encombrés d'éboulis rocheux avec des anfractuosités ou encore falaises (îlots de roches dures, vestiges des anciennes formations) attaquées par l'érosion, dépouillées des roches tendres. Sous ce masque austère, au Sud du Maroc, bien que de façon éphémère, les fleurs des Câpriers parent joliment ces stations au printemps aux côtés d'espèces quelques fois endémiques. Il s'agit surtout de variétés de Câpriers rampants ou retombants avec des étamines rougeâtres.

A Bou-Hammama (Khenchela) par exemple, un réséda à grappes jaune pâle (*Reseda villosa*) avec *Forskahlea tenacissima* (plante à port d'ortie) colonisent l'éboulis tandis que le Câprier (*Capparis spinosa*) s'accroche aux moindres anfractuosités de la falaise, épanouissant sur ce fond sombre ses larges corolles d'un rose saumoné (**Vial, 1974**). Selon ces auteurs, on retrouve souvent le Câprier avec des végétaux épineux (*Launaea*) profitant des moindres fissures sur les pentes, parois rocheuses, creux, excavations, éboulis de blocs énormes dans les hauts massifs montagneux du Sahara central ou les simples élévations de terrain tels que les Djebels d'Ougarta de la région de Beni-Abbès et les bombements se situant entre ces deux extrêmes comme ceux du Sahara Nord-occidental (500 à 800 m). Il s'y plaît aussi sur les rochers à 2000 m d'altitude.

Traversant ces paysages sahariens pétris de grandeur en empruntant la route des puits et des pâturages par les regs (dépôts pierreux datant de lointaines époques géologiques) et les plateaux rocheux ou hamadas, les tribus de nomades ignorent l'usage des câpres mais connaissent très bien ce petit arbuste : le Câprier. Et comme surtout pour eux, aucun don de la nature n'est perdu, ils consomment surtout les fruits de *Capparis decidua* **(Vial, 1974)**. Dans ces coins arides, les lignes consacrées à la pharmacopée reflétant l'une de leurs principales préoccupations mettent aussi en lumière un remarquable sens de l'utilisation du Câprier selon **Vial (1974)**. A la consommation alimentaire s'ajoute l'utilisation du bois de *Capparis* pour la fabrication des arçons (rameaux que l'on courbe en arc) de selle, des bâts et des écuelles ou aussi pour l'usage domestique comme combustible. Ce besoin conduit à détruire les arbustes pour arracher les racines. Et comme toute ressource végétale saharienne sous l'action irrationnelle de l'homme, le Câprier est détruit mais l'élément capital marquant sa résistance à ce sujet est: quand il n'est pas totalement détruit, il s'entête à revégétaliser sans trop de peine contrairement à ses voisines car il jouit d'une puissance racinaire étonnante. A lui seul, il colonise environ 9 m^3 de sol (**cf. chapitre IV**).

Un fragment de texte recueilli dans les travaux de **Quezel (1965)** ayant trait plus spécialement à cette caractéristique, a été suffisamment mis en évidence par l'auteur ; il convainc pour la signification de ce point. Il écrit sur la végétation rupicole du Sahara central : « les rochers éruptifs gréseux ou métamorphiques qui constituent souvent au Sahara central d'impressionnantes falaises verticales, sont à peu près totalement stériles.

Aucune végétation rupicole spéciale n'y apparaît. Si quelques espèces arrivent à subsister dans les fissures abritées, ce ne sont que des accidentelles échappées des associations voisines. Il faut toutefois signaler le cas de *Capparis spinosa et de Cocculus laeba,* qui paraissent au Sahara central être préférentielles de ce type de station. Elles affectionnent surtout les rochers surplombants auprès des gueltas et des oueds à nappe phréatique peu profonde. *Capparis* est surtout fréquent au-dessus de 1200 m d'altitude ».

Conclusion

Enfin, c'est dire combien cette plante n'est presque pas soumise aux impératifs du milieu environnant (climat, humain…). Comme on vient de le voir, des travaux d'auteurs se sont proposés à nous montrer comment *Capparis spinosa* peut survivre dans des régions apparemment hostiles à d'autres formes de vie. Comme il peut se satisfaire de toutes les transitions écologiques (**cf. chapitre IV**).

1.5.7. Le Câprier et les sites archéologiques

Dire combien l'absence de sol ne dérange pas le câprier, s'observe souvent sur les vieux murs (naturels ou artificiels).
Archéologues et géologues apprécient l'adaptation et la santé de l'arbrisseau sarmenteux dans les cités antiques (**figure 10 et 11**).
A Cherchell sur les murs en ruines (Juba II), il apparait en évidence (**Benseghir et Seridi, 2005$_b$**).
Dans le **chapitre IV** (tableaux) les résultats préliminaires de l'enquête de terrain en évoquent amplement le détail.

Fig. 10. Câprier sur les façades exposées au soleil du mur antique (Fort Génois) Tabarka Tunisie – Aout. **Clichés : Benseghir (2005)**

Fig. 11. Câpriers manifestement suspendus et regénérés depuis des siècles sur le mur de soutènement de la mosquée d'El Aqsa (au centre et à droite) et sur le toit du tunnel Kotel Hakalan.
Source : Wilson (2014). http://www.google.fr/imgres . modifiés

1.6. PHENOLOGIE
Feuillaison

Le débourrement végétatif a lieu au printemps dès les premiers rayons solaires. Au Sahara les feuilles sont persistantes. Les feuilles sont caduques à la fin de l'été **(Nègre, 1961)**.

Floraison

La floraison du Câprier épineux s'annonce en juin-juillet sur le littoral français **(Rouy et Foucaud, 1895 ; Laurent, 1937)**. Dans le Var elle débute en mai et se termine en septembre **(Albert et Jahandiez, 1908)**. Selon **Roux (1881)**, la floraison de C. *rupestris*. Smith en Provence s'étale plutôt de mai à août. Dans les jardins, les fleurs de Câprier s'épanouissent de Juin à septembre **(Fournier, 1952)**. S'intéressant tout particulièrement à cette plante, **Lieutagui (1969)** note la même remarque.

Dans les régions arides du Maroc occidental, le Câprier fleurit à partir d'avril **(Nègre, 1961)**. Dans le catalogue des plantes du Maroc dressé par **Jahandiez et Maire (1932)**, la floraison pour le reste des régions semble plus tardive et dure de mai à juillet.

Au Maroc, la formation du bouton floral (grosseur optimale : taille d'un pois) débute en avril. Le maximum de boutons floraux est atteint en fin juillet – aout, jusqu'à fin septembre **(Moret, 1937)**. La floraison se fait voir chaque année depuis le mois de Mai jusqu'à l'apparition des premières gelées. Dès lors qu'il y a maturité du bouton floral, la fleur s'épanouit immédiatement et flétrit en 24 heures.

Fructification

La fructification est plus abondante dans les sites situés plus au sud, cultivés ou subspontanés, dans la région littorale de Provence, *C. spinosa*. L ne donne que bien rarement des fruits fertiles mais *C. rupestris*. Smith fructifie abondamment **(Roux, 1881)**.

Ces trois phases sont mieux perçues dans les illustrations (**figures 12,13 et 14**).

Fig12. Rameau avec les trois phases phénologiques (bouton floral, fleur et jeune fruit), le plant ayant servi au suivi - jardin de la résidence touristique IMARA ex Château Chancel, Annaba, Juin .	**Fig. 13.** Allure de la fleur épanouie.	**Fig. 14.** Fruit appelé communément baie ou capron.
		Clichés : Benseghir(2004)

PARTIE B : IMPORTANCE MONDIALE DU CAPRIER

1.6. COMPOSANTES ET EVOLUTION ECONOMIQUE
1.6.1. Production de Câpres

Récolte de câpres
Cueillettes

Au Maroc, la cueillette commence début avril pour se terminer fin septembre, elle atteint son maximum fin juillet et août. Les câpres sont cueillies régulièrement tous les 2 ou 3 jours, de façon à prendre le bouton floral à son point optimum c'est à dire la grosseur d'un pois **(Moret, 1937)**.

Cueilleurs

Selon **Guillochon et Guillochon (1931)** ce sont les femmes qui, dans le Midi de la France, étaient employées à la cueillette des câpres. Les plus habiles arrivent à en cueillir 20 à 25 kilogrammes par jour et les moins expérimentées 10 à 15 Kilogrammes. Un pied adulte de Câprier peut donner jusqu'à un kilogramme de câpres **(Moret, 1937).**

Contraintes de cueillette

Des auteurs comme **Guillochon et Guillochon(1931)** signalent déjà le souci de la taille des sujets de Câprier, pour les cultures traditionnelles, dans le but de rapprocher la partie florale vers le sol. Pratiquer la taille en septembre ne laissant que la tête de la souche d'où doivent partir les ramifications nouvelles se fait dans le but de rapprocher le plus possible du sol les rameaux productifs de câpres. Cette action vise l'obtention de tiges pas très élevées pour les cueilleuses.

Commerce de câpres

Le commerce de câpres classe les câpres en six catégories, sous les dénominations suivantes, en commençant par les plus grosses **(Guillochon et Guillochon, 1931)** : Demi-fines - Fines - Capotes - Capucines - Surfines - Non pareilles.

Ces dernières cueillies plus tôt, sont les plus petites ; elles ont le plus de valeur. Pour les grosses, les prix sont plus bas et la clientèle les recherche moins. Les acheteurs refusent la marchandise dès que les pétales blancs apparaissent entre les sépales **(Moret, 1937). La figure 15** donne les types classés de câpres algériennes.

Abus et fraudes dans la filière câpre

Depuis longtemps jusqu'à nos jours, la filière des câpres est tellement d'un bon rapport commercial que nombreux sont les commerçants qui tentaient la fraude pour faire écouler la marchandise à bon marché ou pour substituer le produit agricole pour des raisons liées au manque de câpres sur le marché face à une demande très forte (voir plus haut).

Ainsi, les boutons floraux d'autres espèces sont souvent utilisés pour remplacer frauduleusement les câpres et commercialisés sous ce même nom ; ils sont moins coûteux et jusqu'à six fois plus gros. Les câpres capucines falsifiées avec les boutons floraux de capucine leur sont inférieurs comme qualité **(Chancrin et Faideau, 1926)**.

Selon **Lieutagui (1969)** plusieurs auteurs traitant de la médecine et d'agriculture ont signalé, avec indignation, que des négociants, pour reverdir celles qui avaient perdu leur couleur, les passaient par des cribles de cuivre corrodés par le vinaigre. Le sel métallique finissait par imprégner et par teindre les boutons.

Certaines câpres du commerce, comme le blé concassé en Algérie, sont aujourd'hui encore manifestement teintées ; mais personne ne s'étonne plus d'absorber quantité de colorants chimiques, souvent nocifs, dont l'usage a été rendu licite dans tous les domaines de l'industrie alimentaire.

La deuxième fraude liée à la quantité insuffisante de câpres dans le monde face à la forte demande est la fabrication de la tapenade, normalement avec présence de câpres obligatoire comme ingrédient, mais qui ne comporte à l'heure actuelle que les olives noires appelées tout de même tapenade et son coût est très bas par rapport a la vraie (italienne dite Saclà….). On pense que cette alternative nuirait à la filière de câpres dans les pays producteurs.

Usage alimentaire

C'est certainement l'usage qui présente le plus grand intérêt économique. Le plus important des divers organes de la plante utilisés dans l'alimentation est évidemment le bouton floral, ou câpre, connu depuis longtemps. La consommation de câpres est en hausse, elle a dépassé désormais les limites de la cuisine méditerranéenne et la câpre est devenue un ingrédient très utilisé dans la cuisine continentale. Son emploi confirme l'importance du rôle qu'elle joue dans la gastronomie de qualité et d'imagination. La câpre reste néanmoins un élément typique des plats méditerranéens : une publication donne plus de 100 recettes dans lesquelles elle intervient **(A. A. F. S., 1989)**.

D'après la tradition, la câpre a une fonction apéritive et digestive. Son arôme particulier lui est conféré par un glucoside – la glucocapparine – et par les produits qui en dérivent à la suite de l'application du processus de conservation. On peut voir le produit algérien fini dans la figure (**figure 16-3, 4, 6, 7, 8**).

Notion de qualité des câpres

Barbera (1991), auteur spécialiste de la plante, est le seul à nous dresser un tableau de données complet jusqu'aux préparations à base de câpres et autres utilisations mondiales du câprier. Les productions italiennes sont très appréciées. En effet, le développement et la sauvegarde de la culture italienne sont liés à la qualité du produit. Celle-ci est jugée selon de nombreux paramètres, souvent subjectifs, intervenant dans sa définition. Elle est la résultante de différents caractères :
- du matériel génétique ;
- de l'environnement cultural ;
- des techniques agronomiques ;
- et des normes de traitement, de conservation et de transport.

Quelques exemples de références de caractéristiques de qualité de câpres italiennes (Pantelleria et de Salina) :
Leur valeur d'appréciation réside essentiellement dans quelques aspects biométriques très liés, des biotypes les plus cultivés:
- la forme sphérique des câpres ;
- leur consistance résistant à tout type de manipulation en vue de leur conservation ;
- la surface glabre des tissus à aspect attrayant après la salaison, décrite chez l'espèce *spinosa* ;
- le petit calibre ; câpre dite autrefois Non pareille (**Sauvaigo, 1943**).

Classification des câpres selon leur calibre
Selon les pays, différentes modalités sont adoptées pour classer les câpres selon leur calibre:
- production italienne en 9 classes ;

- production espagnole classée en groupes;
- catégories avec dénominations d'origine française pour les autres productions.

Notons que d'une manière générale, les câpres d'un calibre inférieur à 10 mm ne servent qu'à garnir des plats, tandis que les autres sont utilisées dans la préparation des sauces et des pâtes.

Conservation
Les techniques spécifiques de traitement contribuent indubitablement à conférer au produit une qualité particulière. En raison de la précision avec laquelle s'effectuent la récolte et le calibrage du produit italien, celui-ci présente une propreté particulière, en ce sens qu'il exempte de feuilles, pédoncules ou fragments de terre. Au contraire, la propreté laisse souvent à désirer en ce qui concerne les câpres provenant d'Afrique du Nord.

En outre, le système de conservation le plus courant, à savoir la salaison à sec et, dans une mesure moindre, la saumure, garantit au produit final un arôme plus puissant que celui que lui donne la conservation au vinaigre plus répandue dans d'autres pays.

Conditionnement
L'opération de conditionnement des câpres use en général des moyens suivants :
-sachets, d'un contenu prédéterminé mécaniquement, au sel sec pour la vente au détail ;
-sachets en plastique transparent destinés aux grandes communautés, restaurants, cantines ou pizzerias ;
-tonneaux en P.V.C. pour les câpres au sel sec ou à la saumure destinées essentiellement à l'industrie de conservation, pour la fabrication de pickles (condiments) ;
-bocaux de verre pour la vente au détail ;
-emballages récents d'origine biologique.

En Algérie, les conditionnements qui existent paraissent dans la **figure 15 (1, 2 et 3)**.

Fig. 15. Conditionnements et formes de commercialisation en Algérie.

1, 2 et 3. Normes de conditionnement de câpres (exemples d'emballage présent dans le marché)

Clichés : Benseghir(2005)b

Préparations à base de câpres :
- Production de pâte de câpres (pâté) : interviennent comme autres ingrédients, le vinaigre et l'huile d'olive. En Provence, elle prend le nom de tapenade et se compose de câpres, d'olives noires, d'anchois et de moutarde.

Autres utilisations alimentaires du Câprier :
- Les fruits du Câprier (**figure 16 -1, 2 et 5**):

Immatures, ils sont aussi utilisés dans l'alimentation. Après traitement à la saumure ou au vinaigre, ils sont utilisés dans les salades ou comme apéritifs. Ils sont dits « cornichons de Câprier » en France, « cetriolini, zucchette ou capperesse » en Italie, « caparrones ou alcaparrones » en Espagne et « caperberries » dans les pays anglo-saxons. Ils peuvent être présentés avec ou sans leur pédoncule. Les fruits arrivés à maturation servent plutôt pour la production de plants en pépinière.

En Espagne où la consommation et l'exportation sont très fortes ; on les subdivise suivant leurs dimensions (à l'exemple de la **figure 16-5**) :

finos : de diamètre inférieur à 13 mm, ils sont les plus prisés ;
mediamos : (13 et 20 mm) ;
gruesos : de plus de 20 mm.

- La partie apicale des rameaux :

Elle est aussi utilisée à des fins alimentaires comme les asperges, après traitement à la saumure. Leur utilisation dans les salades est courante dans tous les pays producteurs, mais c'est en Espagne qu'elle est la plus répandue. La pointe des rameaux est récoltée au début de la période de végétation, avant la lignification en veillant toutefois à en laisser un nombre suffisant pour la production de câpres. On les obtient aussi au moment de la taille en vert.

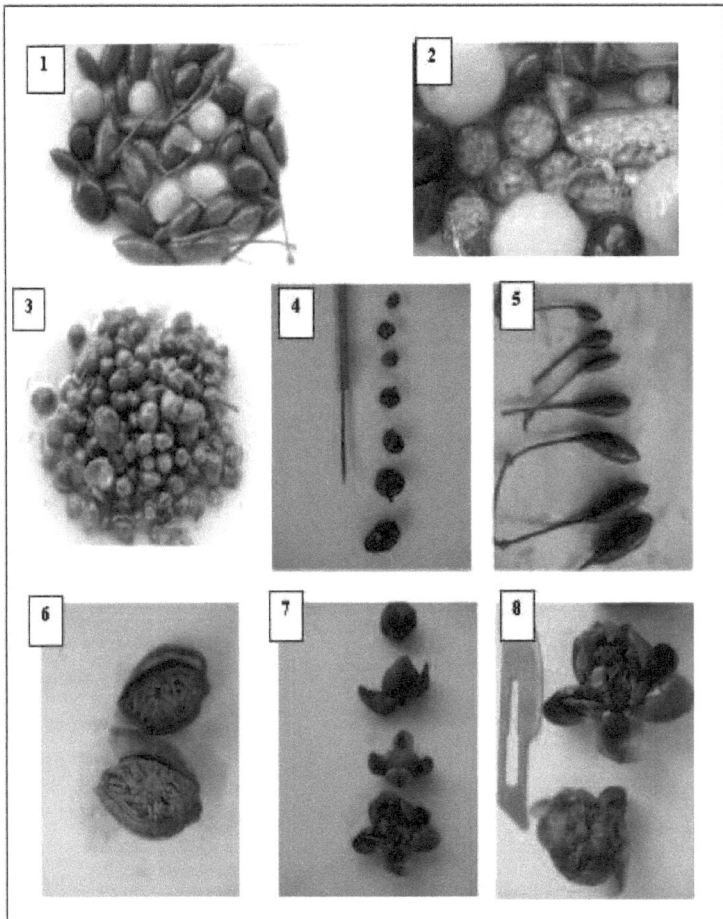

Fig. 16. Câpres et caprons entiers et disséqués.
1. Caprons avec olives et oignons sauvages
2. Caprons immatures incisés
3. Câpres conditionnées (sel+vinaigre)
4. Câpres de tailles progressives
5. Caprons de tailles progressives
6. Câpre incisée (détail des parties consommées)
7 et 8. Câpres ouvertes de différentes tailles

Clichés : Benseghir(2013)

Composition chimique des graines :
Les graines contiennent 34,6% d'huile, principalement composée d'acide linoléique et d'acide oléique **(Pernet, 1972).**

1.7.2. Autres utilisations

a. Fonction écologique

Le câprier est préconisé dans la lutte contre l'érosion de part l'importance de son système racinaire et l'étalement de ses rameaux. Il s'installe très facilement sur les remblais et les talus de routes **(figure 17)**, **(cf. chapitre IV).**

Fig. 17. Câprier fixant le talus extrêmement raviné suite à la réalisation d'une piste de désenclavement. (Ighil Ali, Akbou) Clichés : **Benseghir(2005)$_b$**

Faisant allusion à son port, on ne se doutait pas que les descriptions d'auteurs (**Aimé, 1991 ; Anonyme, 2000 ; Barbera, 1991 ; Benabid, 1976 ; Benchelah et al., 2000 ; Benseghir et seridi, 2005$_b$; Blamet et Grey-Wilson, 2000 ; Chehma, 2006 ; Fournier, 1952...**) du câprier « touffu, sarmenteux, rampant, retombant, pendant, étalé, suspendu... » ne sont pas autant arbitraires mais qu'elles signifient une distinction essentielle pour l'espèce car les formes en épousant celle du terrain, jouent un grand rôle dans la protection des sols superficiels quand ils existent. L'enracinement est la deuxième partie inférieure de l'arbuste vue comme grande fixatrice et stabilisatrice des terrains en pente.

b. Utilisation médicinale
b.1. Histoire et tradition

L'approche bibliographique suivante nous renvoie, aux emplois médicinaux, anciens et oubliés du Câprier en France. Selon **Lieutaghi (1969)**, pour Galien, au IIe siècle, le câprier de surcroît, est un simple capable «de purger le cerveau », de guérir les fractures, les spasmes, les ulcères et le maux de dents. La plante fut ordonnée avec des indications voisines jusqu'au XVIIIe siècle, tant par les médecins arabes que par les européens. Forestus au XVIe siècle, Sennert et Simon Pauli au XVIIe siècle et, au XVIIIe, le célèbre Tronchin, voyaient dans la racine du Câprier un des meilleurs remèdes « pour fondre les obstructions abdominales ».

Câpres :

Lieutaghi (1969) note que de vieux praticiens voyaient l'usage des câpres, entre autres indications, pour guérir une induration de la rate vieille de sept années, contre laquelle tous les remèdes échouaient. Cet usage est aussi rapporté par **Prosper (1581)** et **Pline (1832)**. La pratique populaire, qui les considère toujours comme un condiment apéritif et favorable à la digestion, en fit un « sirop antiascorbutique » utilisa le vinaigre où elles macèrent comme résolutif des tumeurs et des boutons de diverses natures. Selon **Lieutaghi (1969)**, on cueille les câpres avec les feuilles en été et les racines toute l'année. Il note : malgré ses louanges passées, la racine du Câprier est tombée dans les temps modernes, en désuétude, certainement à tort. Comme pour toutes les plantes et les produits de terroir, on a donc renoncé aux câpres et à l'usage phytopharmaceutique du Câprier.

Selon **Pernet (1972)**, de nombreuses espèces du genre *Capparis* se retrouvent dans la pharmacopée traditionnelle de nombreux pays et leurs principes actifs font l'objet de nombreuses études en raison de leurs propriétés tuberculostatiques, antiblennoragiques, antitumorals, etc…

Maire (1933) écrit que dans le Sahara Central, la plante est utilisée pour le traitement des rhumatismes. En Ahaggar, elle est aussi utilisée pour soulager les maux de tête **(Anonyme, 2000)**.

D'après **Lemmi Cenna et Rovesti (1979)**, en Grèce et dans le Maghreb méditerranéen, les câpres sont mêlées à de l'huile d'olive, ou du lait ou du miel, ou encore à des graisses animales pour rendre la peau lisse ou veloutée.

Molin (1989 in Barbera, 1991) confirme l'action que peuvent exercer les câpres sur la peau. Les principes actifs sont :
- La rutine avec 0,28 à 0,32 % dans les boutons floraux frais, et la quercitrine, des flavonoïdes ayant une action analogue à la vitamine P, efficaces dans les syndromes caractéristiques des lésions anatomiques et fonctionnelles des formations vasculo-conjonctives ;
- Les pectines qui ont un effet hydratant et protecteur ;
- La glycocapparine, glucoside qui libère des groupes de thiols ayant une action rubéfiante et antirhumatismale mais qui peuvent également être utiles dans les maladies du cuir chevelu ;
- Des phytohormones et des vitamines.

Les expériences menées par **Molin (1989 in Barbera, 1991)** à partir de diverses formules des extraits glycoliques ou des extraits hydroalcooliques ont montré que les premières s'avèrent efficaces en ce qui concerne l'acné, même à l'état manifestement infectieux ou inflammatoire, de même que pour les peaux psorisiaques, erythrosiques ou couprosées, et pour les troubles de la pigmentation. En revanche, les dernières peuvent être utilisées en trichologie pour lutter contre la séborrhée et pour renforcer les cheveux fragiles. La câpre peut donc être utilisée dans la cosmétologie naturelle pour la préparation de crèmes, de lotions, de shampoings ou de gels.

Ecorce racinaire :
Prosper (1581) note que l'écorce des racines est utilisée pour tuer les vers, provoquer les règles, soigner n'importe quelles tumeurs dures spécialement celles de la rate. Quand cet organe est induré, on y dépose dessus un emplâtre de poudre d'écorce avec du vinaigre ; certains mêlent à cet emplâtre un peu de miel. D'après ce même auteur, des fonctions de poudre suppriment aussi les tâches et les infections de la peau.

Récoltée à la fin de l'été, elle est utilisée en poudre, sous la forme d'infusions, de décoctions (1,5 g dans 100 ml d'eau), de teintures huileuses (10 g macérés pendant 10 jours dans 100 ml d'huile d'olive). Elle a une fonction diurétique, elle stimule les fonctions hépatiques, elle a des fonctions astringentes et emménagogues **(Barbera, 1991)**. **Schraudolf (1989)** y a trouvé certains glucosides.

Parties utilisées en Algérie
  Racines, écorce, boutons floraux et feuilles

Les liens entre le Câprier algérien et la médecine traditionnelle ont été évoqués dans les travaux de **Benseghir et Seridi (2005)$_b$**, étayant les éléments d'écologie et leurs rapports avec la phytothérapie à travers le territoire. Les principales utilisations :
Poudre de graines pour les problèmes d'asthme ; racines pour rhumatisme ; feuilles pour les problèmes digestifs ; baies pour divers soins ; baies et feuilles pour les problèmes digestifs ; tiges et feuilles pour les céphalées et la digestion **(figure 18, 19 et 20)**. En effet, **Nadir et Dhahir (1986) et Al-Saïd et Abdelasattar (1988)** ont démontré l'activité anti-inflammatoire et antimicrobienne des extraits obtenus à partir de feuilles ou de plantes entières.

Fig. 18. Prélèvement de racines de câprier après récolte de câpres, destinées à l'écorçage. Creuser, déblayer et dessoucher permettent leur extraction. **Cliché : Benseghir et seridi**	**Fig. 19.** Poudre de graines broyées après séchage, utilisées dans les thermes pour les soins pulmonaires (usage traditionnelle). **Cliché : Benseghir**

Fig. 20. Feuilles en herboresterie traditionnelle, issues de 2 espèces différentes (Herboristerie Zelfana -- Ghardaïa)
clichés : Benseghir, (2005)_b

Espèces voisines

La **figure 20** indique l'usage de la végétation sèche fournie ici en herboristerie pour divers soins adoptés par les traditions de Ghardaïa. Dans le **tableau 26 (cf. chapitre IV)**, on dresse par région le détail des usages dans la médecine populaire.

La racine et l'écorce sont diurétiques **(Polunin et Huxley 1967)**.

Au Sahara septentrional algérien, **Chehma (2006)** note l'utilisation de l'écorce des racines pour les traitements des rhumatismes, des maux de tête, des maladies de la rate et du foie, des ulcères et même de la gale des dromadaires.

Jusqu'à nos jours l'écorce de racine fraîchement prélevée est appliquée sur les zones du corps souffrant de rhumatisme **(figure 18)**. Les graines sont utilisées pour les problèmes pulmonaires **(figure19)**.

Principaux constituants

Depuis près de 2 décennies le câprier très utilisé en Inde, est reconnu par l'O.M.S. comme plante médicinale **(Dev, 1997; Kamboj, 2000)**. L'identification et l'authentification des constituants phytochimiques des câpres ont été validées par un sérieux travail de C.A.R.I.S.M., université de S.A.S.T.R.A., Thanjavur. On retrouve dans les travaux de **Manikandaselvi et Brindha, (2014),** les derniers résultats d'évaluation consacrés à la qualité nutritive du produit livré par le commerce ; ils confirment leur richesse minérale. Les **tableaux 4, 5, 6 et 7** donnent des indications sur les produits d'analyse. Le potassium, le calcium, le magnésium et le phosphore en sont importants.

Tableau 4 : Analyse quantitative des phytoconstituants.

	Alcaloïdes	Flavonoïdes	Phénols	Tanins	Lignines
(mg/kg)	0.22	0.52	0.51	9.74	47.0

Tableau 5 : valeurs nutraceutiques.

Protéines (mg/g)	glucides (mg/g)	Fibres brutes (mg/g)	Lipides totaux (mg/g)	Valeur énergétique (Kcal)
26.1	15.3	7.2	64.3	5.5

Tableau 6 : Analyse des métaux et des minéraux(%).

P	S	Mo	Mg	Si	Fe	Al	Zn	Sr	Ti	Cu
2.93	1.74	0.10	3.44	0.60	0.75	0.29	0.09	0.03	0.11	0.09

Sodium (ppm)	Potassium (ppm)	Calcium (ppm)
0.69	72.15	32.8

Tableau 7 : Analyse des métaux lourds par spectroscopie d'absorption atomique.

Pb(ppm)	Hg (ppm)	Cd (ppm)
9.54	16.62	<0.5

Ces analyses relatives aux phytoconstituants vont surtout nous démontrer dans le prochain paragraphe ce pourquoi l'usage traditionnel du câprier était important.

b.2. Travaux récents sur le bienfondé des usages traditionnels

De récentes études confirment ce qu'on appelle communément les recettes grand-mère du câprier :

Dans **l'encyclopédie des plantes médicinales-Larousse (2001)**, on peut lire que de nombreuses autres espèces de *Capparis* sont utilisées comme condiment. Certaines d'entre elles recèlent des propriétés médicinales, comme *Capparis cynophallophora*. Préparé en décoction, il provoque les règles. En gargarisme, il traite les infections de la gorge et, en application, l'herpès. *Capparis horrida* serait sédatif, réduirait la transpiration et soulagerait les maux d'estomac.

L'étude phytochimique de *Capparis spinosa* de la région de Mila, a permis d'identifier un produit flavonoïque chez les feuilles : la rutine qui est le principal constituant chimique des huiles essentielles chez l'espèce ainsi que 13 autres produits **Seridi et al., (2004) ; Aouadi et Amraoui (2004) ; Farouki et Nemamcha (2004).**

L'étude de l'activité antioxydante et antibactérienne des extraits aqueux et méthanolique de l'ensemble des parties de la fleur (bourgeons à fleurs, fleurs et des fruits immatures) du *Capparis spinosa* L. de Biskra montre la présence des flavonoïdes et des alcaloïdes et l'absence de tanins. Ces résultats semblent indiquer qu'il y a une activité contre Staphylococcus aureus, mais pas contre *Escherichia coli*, et *Pseudomonas aeruginosa* (**Meddour et al., 2013**). En revanche selon **Proestos et al., (2006)**, l'extrait butanolique chez les feuilles de *Capparis* de Grèce, est inactif sur *Escherichia coli*, mais présente une activité louche sur S. aureus. Des études faites sur *Capparis decidua* d'Egypte montrent qu'elle a l'activité la plus importante. En effet, les extraits d'écorces de racines présentent une activité contre P. aeruginos, S. aureus et E. coli (**Rathee et al., 2010**).

Puis, plus récemment, en guise de confirmation scientifique de l'usage traditionnel de *Capparis spinosa* L. cultivé en Jordanie, considéré comme une source importante pour le traitement des maladies gastriques (ulcère…), des chercheurs de la Faculté de Pharmacie (**Masadeh et al., 2014**) ont mesuré l'effet de son extrait contre des isolats cliniques de *Helicobacter pylori* et ont montré qu'il pourrait être une précieuse source de matières premières pour la synthèse de nouveaux agents antibactériens.

Quant à l'ancestrale étiquette déconcertante sur les effets aphrodisiaques de *Capparis Spinosa* L. a conduit récemment, une équipe iranienne **Mohammadi et al., (2014)**, à évaluer l'effet de son extrait hydroalcoolique sur les paramètres reproducteurs et le taux de testostérone chez des rats dont le système reproducteur est affecté par le diabète. En effet, un traitement de 21 jours a pu améliorer la qualité du sperme (morphologie et rapidité de la mobilité).

Les résultats des travaux, entrepris au laboratoire de biochimie appliquée de l'université de Sétif, de **Benzidane et al., (2013)** ont montré un effet relaxant puissant de l'extrait aqueux des câpres sur la trachée du rat.

En outre, des études étrangères de parasitologie (**Schlein et Jacobson, 1994; Schlein et al., 2001; Dinesch et al., 2014**), conduites pour le contrôle de la leishmaniose (maladie chronique due à des leishmanies, protozoaires parasites, provoquée par la piqûre des phlébotomes, fréquents en Afrique du nord), ont pu examiner les potentialités d'utilisation des extraits de rameaux de *Capparis spinosa* L. pour la fabrication de biopesticides comme alternative aux insecticides chimiques synthétiques (dichloro-diphényl-trichloroéthane-D.D.T.). Les essais biologiques soulignent un effet répulsif sur les phlébotomes femelles (plus de 50% de mortalité). Ces études mènent à des méthodes sûres, faciles et favorables à l'environnement pour empêcher la contamination. On décrit une résistance génétique avérée des espèces de parasite due à l'utilisation des produits chimiques ayant été, en plus, à l'origine de graves problèmes d'ordre économique, environnemental et toxicologique pour les humains et les animaux.

Les références bibliographiques multiples citées dans le **chapitre IV** nous renseignent aussi sur l'évolution de l'actualité scientifique de la plante en médecine durant les dernières décennies.

c. Utilisation mellifère

Dans son manuel pratique, **Biri (1986)** considère que le Câprier est un arbuste utile à l'élevage apicole. Procurant du nectar de qualité, il est très recherché par les abeilles.

Il fait partie de la liste des plantes pour lesquelles les abeilles n'éprouvent aucune difficulté pour en sucer le nectar car elles parviennent à y faire pénétrer correctement leur trompe pour l'extraire beaucoup plus facilement. Si la fleur se prête aisément à la succion du nectar, les butineuses trouvent aussi suffisamment de fleurs à visiter par arbuste. Pendant que la floraison printanière des espèces voisines devienne rare, celle du Câprier prenant le relai à la fin du printemps, devient abondante et luxuriante (longueur du pédoncule, nombre d'étamines saillantes, couleurs et taille) se prolongeant avec régularité jusqu'en automne.

Dans les plantations de câprier ; les cueilleurs de boutons floraux commettent toujours des omissions qui font le bonheur des abeilles sans pour autant oublier la pollinisation.

d. Utilisation ornementale et paysagère

Fig. 21. Vérandas de l'ex-château Chancel - Annaba, 2004.
Cliché : Benseghir. (2005)ʰ

La fleur de Câprier, qui apparaît en grandes quantités si la plante est soumise à une récolte partielle, est très voyante et parfumée. La plante ne présente aucun signe de stress, même dans les climats très secs, et en l'absence d'irrigation. On peut donc l'utiliser surtout pour les jardins rocheux et pour la formation de bordures ou de tapis de fleurs (**Benseghir, 2008$_b$**).

1.8. ZONES DE CULTURE MONDIALE

Ce chapitre offre une tentative de mise au point documentaire sur les régions du globe ayant connu un développement sérieux du Câprier. Il reprend pour une part importante le texte de base publié pour la première fois à Luxembourg à l'inspiration éclairée de **Barbera (1991)** et aussi ses travaux de 1982. Dérivant d'un projet C.E.E., les points traités vont surtout tenir compte du développement à la mesure de l'importance majeure des cultures marocaine, italienne et espagnole.

Le Câprier est cultivé dans les pays du bassin méditerranéen. Il est cependant connu également comme plante économique en Australie et il tend à se répandre en Amérique latine et en Asie.

Italie

C'est le pays où le Câprier est cultivé depuis le plus longtemps sous une forme intensive et de façon spécialisée. Les principaux lieux de production (95% de la production nationale) se trouvent en Sicile dans les petites îles :
- de Salina (archipel des Eoliennes) datant de 1960;
- de Pantelleria : avant l'extension des cultures, le Câprier occupait des terres à caractère marginal ou les espaces restreints situés à l'abri des murets en terre sèche occupés par les vignes ; il protégeait de nombreuses terrasses permettant de cultiver les terrains escarpés.
- Et de Ventotene, Ustica, îles Egadi, îles Tremiti… et d'autres petites zones de production dans les Pouilles, en Sicile.

A pantelleria, le secteur s'y est développé au début des années 70 **(Barbera et Di Lorenzo, 1982),** avec renforcement du rôle de la culture pour plusieurs raisons :

- « comptabilité » de la culture du Câprier avec l'activité touristique pendant les mois d'été;
- rendement moindre d'autres cultures traditionnelles (vigne et olivier) ;
- augmentation de la demande intérieure ;
- amélioration des techniques de culture et des opérations de première transformation - et surtout, augmentation des prix à la production **Caccetta (1983).**

Le renforcement du rôle de la culture italienne par la création de la Coopérative Agricola Produttori Capperi (C.A.P.C.), appuyée par une autre structure à caractère coopératif (Agricoltori Associati Pantellaria, A.A.P.) a permis d'œuvrer pour la diversification commerciale du produit en menant des actions de marketing sur les marchés continentaux. L'essor du secteur et l'épanouissement du site agricole s'avérait très intéressant du point de vue anthropologique et de l'aménagement des territoires en augmentant les espoirs que peut faire naître un développement du tourisme basé sur ces particularités.

Diverses structures associatives travaillent dans des câprières anciennes. A côté de cette animation, de nombreux opérateurs privés et publics ont veillé depuis toujours sur les aspects qualitatifs et l'image du produit, notamment en donnant l'impulsion pour de nouvelles plantations.

Selon **Caccetta (1985),** ces paramètres ont fait que les superficies cultivées et la production totale de câpres en Italie étaient passées presque du simple au double en 10 ans (**tableau 8**) sans compter les quantités obtenues à partir de plantes éparses poussant spontanément.

Tableau 8 : Superficies cultivées et production italienne de câpres (1973 – 1983)			
1973		1983	
Hectares	Quintaux	Hectares	Quintaux
600	10 000	1 000	19 000

Source : Cacetta, (1985)

En 1983, les prix pratiqués sur le marché ont ensuite baissé de 50% avec diminution des superficies cultivées en raison de la concurrence exercée par les productions espagnole et nord-africaine.

Par la suite vers 1990, une amélioration de la qualité du produit suivie d'une commercialisation plus active et mieux organisée ont permis une nouvelle hausse des prix.

Espagne

Selon **Luna Lorente et Massa Moreno (1979)**, l'Espagne a été le principal pays producteur de câpres jusqu'à la fin des années 70 ; la nécessité de procéder à des cultures de substitution dans les zones arides et semi-arides a amené le Centre Régional de Levante (services d'assistance technique) à s'intéresser à l'espèce.

En 1978, des plantations spécialisées ont été réalisées à partir des plantations spontanées (pour le matériel de reproduction), qui étaient alors presqu'exclusivement les seules à procurer le produit.

Les zones se situaient essentiellement dans les régions côtières des provinces du Sud-est (Almería, Murcie, Grenade) et dans les îles Baléares, où l'espèce a toujours fait l'objet de récoltes et, dans les provinces de Séville et de Jaen. Dans le **tableau 9**, on peut remarquer la production totale de câpres obtenue dans des zones sèches et irriguées.

Tableau 9 : Superficies cultivées et production de Câpres en Espagne		
Terres sèches	Terres irriguées	Production de câpres
Hectares	Hectares	Quintaux
5486	486	34920

Source : Castro Ramos et Nosti Vega (1987, in Barbera, 1991)

De 1977 à 1982, il y a eu expansion de la culture et production de câpres pour des raisons de : diffusion de la multiplication par semis ayant remplacé le système traditionnel de division des plantes ; de condition de sécurité dans lesquelles s'effectue la vente aux commerçants; d'élévation du montant élevé du prix de vente et de revenu supérieur à celui que pourrait fournir toute autre culture dans le milieu cultural considéré ; de l'investissement initial réduit et une production précoce ; de faibles coûts culturaux ; de la possibilité d'utiliser des terres à caractère marginal; de la crise d'autres cultures (Oliviers d'Andalousie) ; et de l'intervention d'organismes publics.

La culture du Câprier est toutefois entrée en période de crise (1990) dans ce pays suite à une production excédentaire qui a fait baisser le prix de vente.

Maroc

Selon **Barbera(1991)**, c'est le principal producteur de câpres du bassin méditerranéen, provenant surtout des plantes spontanées appartenant à diverses espèces, généralement munies d'épines et ne faisant l'objet d'aucun traitement cultural.

Le mérite d'avoir valorisé, dans les années 40, le Câprier, alors inutilisé dans une grande partie du pays, semble revenir à un italien de Gènes, Francesco Bongiovanni avec les débuts de l'exportation de la production dans des pays européens. En 1986, les exportations ont dépassé les 3000 tonnes; plus d'un tiers de la production est écoulée sur les marchés italiens; les quantités exportées en France, en RFA et en Suisse sont importantes aussi.

La câpre n'étant que peu utilisée dans l'art culinaire marocain, la consommation locale est alors presque nulle.

La principale zone de production (75% de la production nationale) est circonscrite autour du territoire de Fes, Taounate, Boulemane, aux pieds de la chaîne du Rif et du Moyen Atlas. On trouve d'autres zones de production aux alentours de la ville de Safi, sur l'Atlantique et au Sud-ouest de Marrakech.

Dans les régions du Sud, quelques tribus berbères (Seksaoua, Douirane, Asni, Amizmiz, , Guedmioua, Aït Ourir) contrôlent des zones limitées et font parvenir leur produit non encore traité à des intermédiaires.

Après une première salaison, ceux-ci les font parvenir à l'industrie, qui complète la salaison et entreprend la commercialisation.

La qualité du produit marocain n'est pas considérée comme figurant parmi les meilleures. Provenant d'espèces diverses et comprenant souvent un produit fini contenant des câpres de peu de valeur, des feuilles, des pédoncules et de la terre.

Avant la conservation définitive, la conserverie élimine les débris étrangers et le pédoncule ; celui-ci étant difficile à détacher lors de la récolte.

Quant à la culture proprement dite, elle a débuté vers 1986. La promotion des plantations spécialisées a été faite depuis l'introduction de l'Organisation Nationale du commerce extérieur (O.C.E.). La création de coopératives régionales et d'un syndicat national a permis un circuit de commercialisation bien organisé et un appui réel de la spécialisation des cultures de Câprier.

Tunisie

L'ensemble des plantations spontanées épineuses et inermes, surtout abondantes dans les zones de collines situées an Nord et au Nord-ouest de Tunis produisaient, vers les années 90, 300 tonnes de câpres environ.
En raison de l'augmentation de la demande du marché, l'espèce suscite un intérêt croissant. On note une forte incidence du coût de la récolte considéré comme étant trop élevé.

Algérie

Le Câprier algérien occupe des espaces à particularité marginale ou terrains escarpés. Un commerce occasionnel avec l'extérieur est pratiqué. La récolte se fait sur les espèces épineuses spontanées par les ruraux à très faibles revenus surtout femmes et enfants. La récolte dure deux mois à partir du mois de juin ; les câpres sont destinées à l'exportation et la demande en est forte.

Comme chez les pays voisins, la consommation locale est presque nulle voire même inconnue dans certaines villes. Ce n'est que ces dernières années qu'on remarque le produit introduit timidement parmi les aliments exposés à la vente dans les grandes villes (**figure 15**).

La câpre n'étant que peu utilisée dans la cuisine traditionnelle algérienne, aucune action de valorisation des plantes et des zones à câprier n'a été réalisée.

Aucune culture (ni faible, ni intensive) n'a été réalisée, pourtant des travaux de recherche (**Bellatar, 1988**) sur l'espèce visant cet objectif ont vu le jour pour la première fois en Algérie (I.N.R.F. et université de Sétif). A cette époque, le mot « Câprier » n'inspirait personne encore probablement.

Les raisons supposées de non développement de la filière « câpre » algérienne sont:
- Demande intérieure en câpres non exprimée;
- Absence de soutien aux organismes publics et aux opérateurs publics et privés dans la filière câpre (depuis la culture jusqu'à la transformation) ;
- Et enfin manque évident d'une dynamique intégrée et de schéma directeur d'aménagement des espaces ruraux où le câprier est souvent l'une des alternatives pour assurer un développement rural durable. En ce sens, nos travaux résument tout l'intérêt de la culture algérienne du Câprier (**Benseghir, 2008$_a$**).

Autres pays

Le Câprier est connu et apprécié dans tous les pays riverains de la méditerranée.

Jusqu'aux années 90, la Grèce, la Turquie et Malte pratiquaient aussi un commerce non prévisionnel avec l'extérieur.

Dans le Sud de la France, en particulier en Provence et dans les régions côtières des Alpes Maritimes, à cette même époque, l'espèce est d'une importance économique minime, exploitée ou cultivée de temps en temps comme source de revenus des exploitants (voir plus haut).

En Israël, en 1973, les espèces épineuses ont fait l'objet de recherches le long de la côte méditerranéenne. La récolte étant très élevée sur les espèces épineuses, la culture intensive n'a pas été réalisée **(Putievsky, 1977)**.

1.9. TECHNIQUES DE CULTURE

La culture du câprier étant très ancienne dans les pays du bassin méditerranéen, les italiens ont été les premiers à en parler et ce, dès le 13ème siècle. Les français l'ont connue vers le 17 ème siècle. Quant aux Espagnols, c'est en 1875 qu'ils avaient commencé la production et l'exportation des câpres. Au Maroc, leur collecte et leur exportation sur le marché français a commencé vers 1920. D'après **Barbera (1991)**, la première mise en valeur de la culture au Maroc a été lancée par l'Italien Francesco Bongiovani. Les plus anciennes plantations traditionnelles du câprier se trouvent dans la région de Taounate, Safi et Taroudnat.

La modernisation de la culture a commencé vers les années soixante en Italie et en Espagne. En 1983, un vaste programme de recherche et de développement financé par la C.E.E. a été lancé en Italie à "l'Istituto di Cultivazioni Arbore". Puis, consciente de l'importance de l'espèce et des câpres, une décennie après, la C.E.E. relance un autre programme plus conséquent **(Barbera, 1991)**. Des variétés inermes, hautement productives ont été sélectionnées et font l'objet de plusieurs études agronomiques. Bien avant, en 1970, l'Espagne était le principal producteur européen des câpres. Actuellement, c'est le Maroc qui est le premier producteur et exportateur des câpres dans le monde.

La culture traditionnelle du câprier ne nécessite que peu d'interventions. Les trois principales opérations exigeant un investissement et un minimum de connaissances techniques sont la propagation-plantation, la taille et la récolte. Ces deux dernières opérations ne posent pratiquement pas de problèmes pour les agriculteurs traditionnels, seule la propagation est encore mal maîtrisée **(Kenny, 1998)**.

1.9.1. Techniques de propagation

Production par semis

On s'accorde à dire que c'est le procédé le plus fiable pour la création de plantations mais il possède des limites dont le principal est lié à la faiblesse de la capacité germinative naturelle de la semence. Le taux de germination ne dépasse guère 5% (**cf. chapitres II et III**). Le processus germinatif ne se corrige qu'à l'aide d'opération de traitements appropriés (**Orphanos, 1983 ; Barbera, 1991 ; Tansi, 1999 ; Olmez et al., 2004$_b$; Benseghir et al., 2007 ; Olmez et al., 2006 ; Benseghir et al., 2007 ; Bahrani et al., 2008 ; Suleiman et al., 2009 ; Farhoudi et Taftp, 2011 ; Arefi et al., 2012**).

Longévité des graines

Le pouvoir germinatif des graines reste constant durant 2 ans, il décroît progressivement ensuite.

Délai de germination

On en enregistre une grande variabilité mais pour une bonne partie des graines, la germination va de 25 à 50 jours à partir de la date de semis.

Semis
Semis de graines non traitées :

Les graines sont semées superficiellement à la volée entre février et mars dans de petites plates-bandes sans avoir subi de traitement particulier ; les germinations obtenues sont destinées à un repiquage l'hiver suivant. Parfois, on procède à l'irrigation si possible.
Les résultats sont très négligeables (**Benseghir, 1993 ; Benseghir et Séridi ; 2005$_c$, Benseghir et al., 2007**)

Semis de graines pré germées

A l'aide de graines pré germées par stratification (**cf. chapitre II**) dans le sable, on procède :

- à des semis sur des levées de terre, dans la deuxième moitié du mois d'avril et pendant les premiers jours du mois de mai, en utilisant 1,5 à 2

grammes de graines (en moyenne 300 graines) au mètre. Après 25 ou 30 jours, on voit apparaître entre 40 et 50 plants au mètre.
ou
- à des semis sous tunnel à la même période, avec les mêmes doses de semis, pour assister à une levée précoce du semis (10 ou 12 jours après). Son taux augmente presque du simple au triple après 20 à 25 jours ; il se situe entre 60 et 70 %.

Enfin, le recours à des conteneurs est un procédé possible aussi (**Barbera, 1991**).

Semis direct en pleine terre

Le semis direct en pleine terre prévoit 4 ou 5 grammes (en moyenne 600 graines) de graines par mètre-carré et s'effectue au début de l'hiver pour profiter pleinement des pluies.

Éclaircissage

Au mois de juillet ; quand les pousses ont 3 ou 4 feuilles on procède à l'éclaircissage. Les plants ayant atteint 10 à 15 cm pourront être transplantés définitivement au cours de l'automne ou de l'hiver de l'année du semis.

En raison de la fragilité du système radiculaire, le prélèvement de la pépinière doit s'effectuer délicatement.

Inconvénient de ce procédé

Il faut toutefois souligner l'inconvénient de la dispersion génétique qui s'ensuit ayant une incidence négative sur l'homogénéité de la plantation, tant en terme de productivité qu'en terme de variabilité de la qualité du produit.

Production de plants par bouturage

La technique donne des résultats insuffisants mais par le passé elle a longtemps servi pour propager les cultures notamment pour les ruraux en Italie, Espagne et Maroc. (**Benseghir, 1993**) (**figure 22-23**).

Les boutures peuvent être ligneuses, semi ligneuses ou herbacées.

Bouturage ligneux

1- C'est le procédé le plus utilisé en les prélevant en octobre ou novembre après l'effeuillaison. Issues de la partie basale de l'arbuste, les boutures ont entre 20 à 30 cm de longueur. Elles sont mises en stratification dans le sable humide ou conservées en chambre froide (3-4°C) jusqu'à février ou la première semaine de mars (période de plantation).

2- La possibilité qui permet d'obtenir inévitablement des boutures avec cal se fait déjà au cours de l'élagage automnale en laissant sur la plante, 3 à 8 rameaux les plus vigoureux dont on prélève, au mois de février, des boutures d'une longueur se situant entre 40 et 50 cm. Au mois de mars juste avant le débourrement et après pralinage (mélange de terre et de bouse de vache destiné à les enrober afin de favoriser la reprise), ces boutures sont plantées dans des sillons de pépinière, fréquemment irrigués et d'une profondeur de 50 cm.

Il importe de maintenir une teneur d'humidité adéquate dans le milieu d'enracinement. Il est utile, pendant les mois chauds, d'irriguer et de protéger les boutures contre le froid et le soleil, respectivement à l'aide de matière plastique et d'ombrière. Des traitements à base de fongicides sont recommandés.

On adopte les valeurs supérieures à 5 mm. Le résultat est meilleur quand le diamètre des boutures est égal ou supérieur à 15 mm.

Bouturage herbacé

Le taux d'enracinement augmente en cas d'utilisation de boutures herbacées prélevées au début du débourrement (avril). On obtient environ 60 % d'enracinement ; le résultat est amélioré sur un substrat constitué de 25% de terre fine tamisée (sol de chênaie si possible) et de 75 % de sable de rivière. Un forçage par réchauffement basal appliqué au substrat semble avoir un effet positif sur l'enracinement.

Des traitements hormonaux (N.A.A. à 2 pour mille) donnent un résultat d'enracinement supérieur bien qu'insignifiant.

Avantage :

L'avantage manifeste de cette technique réside dans la possibilité de reproduire parfaitement les caractéristiques de la plante mère et d'obtenir de nombreux individus à partir d'un nombre limité de plantes.

Inconvénients :

Dans les premières années qui suivent la plantation, les plants s'avèrent particulièrement sensibles aux phénomènes de carence hydrique.

Fig. 22. Techniques de Bouturage ligneux classique (parties basales): boutures de 15 à 30 cm avec 6 à 10 yeux. Semis en pleine terre et en sachets de culture. Résultats dérisoires. Pépinière de Boussellam, projet I.N.R.F Sétif.

Clichés : Benseghir (2005)$_a$.

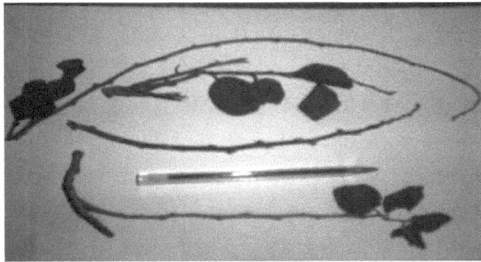

Fig. 23. Rameaux de l'année pouvant servir au bouturage herbacé (20 cm de longueur et Ø ≤ 1 cm, Résultat négligeable.

Cliché : Benseghir (1993).

Production par greffage

Barbera (1991) note que bien que nécessitant une main d'œuvre importante, l'intensification de la culture du câprier a encouragé ce procédé. Les résultats se sont avérés positifs (73% d'enracinement) tant en ce qui concerne le greffage en pépinière, dans les premières phases du développement (deuxième quinzaine d'avril) des semis de l'année que pour ce qui est des exemplaires adultes en pleine terre (60% d'enracinement).
Modes de greffage
- En pépinière, on greffe « en fente en tête » au collet en se servant d'un greffon de la même épaisseur que le sujet. Le greffon a une longueur de 4 à 5 cm et porte au moins deux bourgeons. Le point de greffage est renforcé à l'aide d'un lien. Pour éviter le dessèchement du greffon, on enterre la plante entière ou on la protège à l'aide d'un tunnel plastique. Après 20 à 30 jours on observe le développement du greffon.
- En pleine terre, on procède à la même époque et de la même façon sur 4 ou 5 rameaux en bois de quelques cm de long. Pour éviter toute concurrence, les autres rameaux doivent être éliminés, tant dans la phase de greffage que pendant la phase post-greffage.

Production par in vitro

On peut déjà faire sur des microboutures :
Les résultats sont satisfaisants en utilisant pour la prolifération un milieu MS en présence de APB (1mg/l), d'AIA (0,05 mg/l) et GA3 (0,1mg/l) et, dans la phase d'allongement, de BAP (0,5mg/l). La régénération des plantules est intervenue, à 70% après une période d'incubation de 20 jours dans l'obscurité sur la base moyenne après 20 jours et une photopériode de 18 heures de lumière.
Autre tentative : à partir de boutures à un seul nœud préalablement stérilisée, placées in vitro, et ensuite transférées sur le substrat de prolifération additionné de 6-BAP 2,2 micro M, d'AIB 0,05 micro M, de saccharose 87 nm, d'agar commercial 0,6, de pH 6,00, les sous-cultures étant effectuées tous les 25 jours avec un rendement de 1 / 4. Il est préférable avant la rhizogenèse, durant une phase intermédiaire de 20 jours,

de réduire de moitié la cytokinine du substrat. 90% de l'enracinement s'obtiennent après 30 jours, sur un milieu Quoirin et Lepoivre modifié. L'opération s'effectue avec une photopériode de 16 heures à 22-24°C (**Barbera, 1991**). **Ghorbel et al., (2001)** ont également procédé par une autre tentative.

Inconvénient :
On redoute le prix de revient du plant (**Benseghir, 2005$_a$, 2008$_a$**).

Production par d'autres méthodes

- En attendant la production de plants en pépinière, on transplante des individus spontanés de Câprier (jeunes plants) ;
- Système de multiplication de plantes adultes : pendant le repos végétatif, on divise la souche en plusieurs parties (éclatage de souche), munies chacune de racines et de bourgeons végétatifs (**Benseghir, 1993**).

1.9.2. Plantations et travaux culturaux

D'après **Barbera(1991),** les techniques de culture approuvées en Europe du câprier sont :

Plantation

La plantation s'effectue pendant le mois d'hiver, au cours de la période de repos végétatif, quelque soit le matériel de propagation utilisé. En Italie elle se fait habituellement en janvier pour Pantelleria, entre février et mars pour les îles Eoliennes. Dans les régions intérieures espagnoles et plus dans les zones côtières quand l'état du sol le permet, elle est entreprise entre la fin du mois de février et le début du mois de mars. Selon l'auteur, la première année s'avère des plus importantes.

Préparation du sol

Le terrain doit être préparé de façon appropriée par un défoncement à profondeur moyenne. Comme dans les conditions naturelles, le système radiculaire peut ainsi s'étendre aisément mais ici surtout rapidement. Une fumure de base sur l'ensemble de la superficie assurera la réussite de l'opération.

Tableau 10 : Planning des opérations culturales du Câprier (année 1) (Récapitulatif simplifié de tous les travaux sur la culture du câprier).

Interventions	J	F	M	A	M	J	J	A	S	O	N	D	observations
Semis de graines en pépinière													
Semis de graines non traitées		▬	▬										Semis obtenus 25 à 50j, repiquage l'hiver suivant
Semis de graines traitées dans le sable (levée de terre et sous tunnel)					▬								Semis obtenus 25 à 30j en levée de terre. Semis obtenus 20 à 25j sous tunnel
Semis direct													
Semis direct en plein terre										▬	▬		-
Éclaircissage du semis direct						▬							-
Transplantation définitive des semis issus du semis direct			▬						▬	▬			Manipulation des plants délicate, système racinaire ±fragile
Bouturage													
Bouturage ligneux -1-													
Prélèvement et stratification sable humide ou chambre froide										▬	▬		Longueur : 20-30cm
Plantation boutures ligneuses				▬									-
Bouturage ligneux -2-													
Élagage en conservant 3-8 rameaux vigoureux													Boutures avec cal
Prélèvement boutures			▬							▬			Longueur: 40-50 cm
Plantation en sillons en pépinière				▬									Plantation après pralinage
Bouturage herbacé			▬										-
Greffage													
Greffage en pépinière (plant d'1 an) et en champ (rameaux en bois)				▬									Développement greffons 20 à 30 j après

Source : Benseghir (2008$_a$ et 2008$_b$)

Dans le cas d'un sol avec roches apparentes, on procède à des travaux préparatoires superficiels ou au défoncement dit « en ligne » en creusant des trous ayant une profondeur et une largeur se situant entre 30 et 40 cm. Le terrain est amendé à l'aide d'engrais organiques ou de fumures de synthèse appliquées dans les trous de plantation. Une pratique commune consiste à abaisser le niveau supérieur du trou d'environ 10 à 15 cm par rapport au niveau du sol pour protéger les jeunes plants du vent et permettre, lorsque c'est possible, l'application d'un système d'irrigation. Dans la mise en place de jeunes plants, il convient de veiller à ne pas endommager le système radiculaire encore juvénile.

C'est exclusivement dans la première année suivant la plantation que l'espèce s'avère particulièrement sensible à l'état hydrique du sol. En cas de carence hydrique pluviale ou d'absence d'irrigation, on peut faciliter les croissances initiales de la jeune plante par des labours superficiels fréquents. **Barbera (1991)** préconise 8 à 10 labours sans dépasser les 15 cm dans les sols peu profonds. On couvre parfois le sol de cladodes de figuier d'Inde ou de pierres qui pour réduire l'évaporation et protéger du vent. La méthode espagnole propose, notamment pour protéger les plants contre le froid, de les recouvrir de terre après la plantation et après la première taille.

Densité de plantation

Dans les cultures italiennes, on prévoit un écartement de 2,5 mètres en sols peu profonds. On préconise 3x3 mètres en cas de plantes à croissance rapide. Pour la variété espagnole la plus commune et la plus vigoureuse (del Pais), la plantation carré 4-5 x4-5 mètres est recommandée, En raison de l'ombre que se font mutuellement les rameaux, qui a une incidence négative sur la production de câpres.

Matériel biologique de plantation et âge des plants

Les plants les plus aptes à la plantation sont ceux âgés d'un an.

Certains agriculteurs espagnols sèment des graines directement en mars et en avril. Ils posent de 8 à 10 graines prégermées (**cf. Chapitres II et III**) à une profondeur se situant entre 2 et 4 cm, irriguent ensuite et protègent la surface du sol avec du matériel plastique maintenu au dessus de la surface du sol. Lorsque les plantes ont 6 à 8 feuilles, ils procèdent à l'éclaircissage.

La mise en place de boutures en pleine terre n'offre que peu de chances de succès ; on enregistre une faible capacité rhizogène de l'espèce.

Exposition

Vu les caractéristiques héliophiles marquées de la plante, il importe de lui assurer un maximum d'insolation.

Association culturale

Dans les plantations italiennes, on associe souvent le Câprier à la vigne en rangées alternées ou, le long des bords du terrain agricole ou à la base du muret de protection. Dans les régions à oliveraies, on l'intègre avec l'olivier.

Dans le Sud de l'Espagne, il est associé à l'amandier selon 3 combinaisons :
- Plantation le long de la rangée entre deux plants d'amandier ;
- En rangées alternées ;
- au pied de l'amandier en interligne (**Barbera, 1991**).

Travail ordinaire du sol et désherbage

L'utilité des labours superficiels est indispensable dans la culture du Câprier. Ordinairement, on pratique 4 ou 5 interventions à 15 cm de profondeur au maximum.

Il est toutefois possible de se limiter à 2 ou 3 labours, comme le veut la pratique en Espagne.

Epandage d'engrais

Des études espagnoles donnent quelques indications permettant d'opérer en hiver : composés ternaires (du type 11-22-16) à raison de 300 grammes par plante.

D'après **Luna Lorente et Perez Vicente (1985)**$_{a\ b}$, le C.E.B.A.S. (Centro de edafologia y Biologia Aplicadas del Sureste) préconise un programme d'épandage d'engrais du type de celui qu'indique le **tableau 11**.

Tableau 11 : Indications concernant la fumure annuelle en Espagne, en Kg/ha.

Age de la plantation(an)	Sulfate d'ammonium (21%)	Sulfate de potasse (50%)	Perphosphate (18%)
2	50	-	-
3	150	25	25
4	200	-	-
5	200	50	50
6	250	-	-
7	250	50	50

Source : Luna Lorente et Perez Vicente (1985)a

Irrigation

L'irrigation n'est pas indispensable dans la culture du Câprier. Néanmoins, **Castro Ramos et Nosti Vega (1987, in Barbera, 1991)** note que sur plus de 300 hectares réunis à Almeria, Grenade et Murcie, la pratique de l'irrigation permet de tripler les taux de production de câpres. Celle goutte à goutte est un système fréquemment utilisé impliquant une utilisation d'un volume correspondant à 40 ou 50 litres par plante et par semaine.

Taille

Pour que le Câprier soit productif, il est essentiel de procéder à une taille rationnelle annuelle. La plante produit en effet des rameaux annuels et le volume de la production dépend notamment du nombre des rameaux développés.

Les opérations de taille consistent à laisser à la base une pointe d'une longueur de 0,5 à 1 cm ; il s'agit d'une taille de production courte dite étêtage.

D'après des travaux espagnols, il semble également utile de recourir à la taille en vert qui s'effectue, environ 30 à 40 jours après le débourrement, par un éclaircissage destiné à favoriser les rameaux les plus forts. On profite pour mettre dans la saumure les rameaux éliminés (en guise d'asperges), encore à l'état herbacé.

Pour promouvoir de nouveaux flux végétatifs, on intervient une nouvelle fois en procédant à un épointage des rameaux au cours des mois de mai et de juin.

Mais dans certaines entreprises familiales, les exploitants adoptent des formes qui tendent à donner à la végétation un aspect plus élancé facilitant la récolte de câpres.

Éléments nuisibles et résistance du Câprier

En Italie, **Barbera (1991)** a constaté des infestations assez importantes dans les cultures, contre lesquelles il est difficile de lutter à l'aide de produits chimiques, vu que l'intervalle entre deux récoltes de câpres est très bref (7-10 jours).

Toutefois, selon cet auteur l'insecte le plus nuisible dans l'île de Pantelleria, est l'hémiptéroïde pentatomidé, appelé « punaise » du Câprier, *Bagrada hilaris* (Bm.).

Au début du printemps, il s'attaque aux Câpriers, qui tendent alors à jaunir et à dépérir très rapidement. Il convient d'intervenir à l'aide d'insecticides à base de malathion ou de pyréthrines de synthèse, sur les murs avant l'apparition des insectes, ou sur les plantes après la fin de la récolte.

Parmi les phytophages, **Liotta (1977)** et **Tesi (1987)** mentionnent aussi à Pantelleria, un coléoptère curculéonidé, *Acalles barbarus* Lucas (s.e.). Cet insecte se borne à pratiquer de petites lésions dans les feuilles à l'état de larve. La larve creuse en effet de profondes galeries dans les parties ligneuses de la plante, surtout dans les plantes vieilles ou affaiblies en raison d'autres attaques parasitaires (par exemple la cochenille appartenant à la famille des *Diaspididae* ou des *Pseudococcidae).* Les galeries devenant plus profondes, les plantes prennent une forme très rabougries. On ne peut lutter contre ce parasite, en éliminant les parties touchées ou, dans les cas extrêmes, toute la plante.

Toujours à Pantelleria, des infestations sporadiques ont été constatées, donnant lieu à des dommages morphologiques causés aux boutons floraux par un lépidoptère tortricidé, *Cydia capparidana* Zeller, et par un diptère cécidomyidé, *Asphondylla capparidis* Rubs. . On en compte 5 à 6 générations par an. Le même nombre de générations est également attribué avec des dommages analogues à un diptère trypétidé, *Capparimya savastanoi* Mart., qui a un aspect semblable à celui de la mouche des fruits. D'après **Barbera (1991)**, le moyen de lutte le plus efficace contre cet insecte consiste à récolter et à détruire les bourgeons atteints.

En Italie, d'autres dégâts provoqués par un coléoptère chrysomélidé du type des altises (sauteuses causant des dommages dans les vignes et les potagers), *Phyllotreta latevittata* Kutsch., ont été signalés à Siculiana (Agrigente), où l'on constate un dessèchement des rameaux.

Dans les travaux de **Cifferi (1949)**, les attaques parasitaires suivantes sont notées :
- *Albugo capparidis* De By (Cast.) Sacc.
- *Camarosporium suseganense* Sacc. et Speg.
- *Gleosporium hians* Peck. Sacc. et Speg.
- *Leptosphaeria capparidis* Pass. Pass.
- *Phoma capparidis* Pass. Sacc.

- *Ascochyta capparidis*
- *Cercospora capparidis*
- *Hendersonia rupestris*
- *Phoma capparidina*
- *Septoria capparidis*

Parmi ces affections, la plus importante est la rouille blanche *(Albugo capparidis)*. Les infections se manifestent au début du printemps, au moment où la nouvelle végétation se développe donnant lieu à de nombreuses anomalies du feuillage et des fleurs (hypertrophie du pétiole, déformation du limbe, raccourcissement du gynophore).

En ce qui concerne les pathologies d'origine virale, **Malorana (1970)** associe le virus de la réticulation des feuilles du Câprier à une altération observée au niveau des nervures des feuilles mûres. A ce niveau, un autre virus a été signalé pour un jaunissement (**Di Franco et Gallitelli, 1985**).

En revanche, En Espagne, on signale des affectations dues au lépidoptère pléride appelé *Pleris brassicae* L. (chutes de feuilles), à des coléoptères du genre ceuthorynque (endommagement des racines jusqu'au dessèchement de la plante) et, sporadiquement, à l'hémiptère pentatomidé *Nezara viridula* L..

Un autre pentatomidé (*Eurydema ornatum* L.) provoque des infestations particulièrement graves : piqûres de l'insecte provoquant une moucheture rougeâtre à la surface des feuilles, et dans les cas les plus dramatiques, la chute des feuilles.

En ce qui concerne les mycoses, on note chez les plants conduits en pépinière, des atteintes dus au *Phytium*, au *Verticillium* et au *Fusarium*.

Chapitre II : METHODES DE STRATIFICATION EFFICACES SUR LA DORMANCE DES SEMENCES DE *CAPPARIS SPINOSA* L.VAR *AEGYPTIA*

RESUME

La dormance des semences de C*apparis spinosa* L.var *aegyptia* correspond à une inaptitude à germer dès leur récolte. Elle provient d'une inhibition par les enveloppes de la graine. On observe que la conservation à l'humidité dans une ambiance ordinaire élimine cette inhibition. La germination devient alors possible. Le traitement des semences dans un substrat sableux humide maintenu à une température ambiante comprise entre 15 et 20° C pendant des durées variables (15-30-45-60-75-90 ou 105 jours), favorise, dans de très larges proportions la germination des semences. Une durée de 75 jours de stratification a permis une germination de 68% à température constante (25±1° C) en étuve et 71% à températures variables à claire voie.

Mots clés
Stratification – Dormance – Graine – *Capparis Spinosa L.*

2.1. INTRODUCTION

Problèmes posés par la propagation du câprier épineux :

Cette capparidacée du bassin méditerranéen est un arbuste intéressant sous différents aspects : écologique et socio-économique. Son développement privilégié dans les régions jouissant d'un climat semi-aride et sur des terrains à sols ingrats et à érosion intense suscite un intérêt considérable quant à son adoption comme espèce de reboisement. La propagation de cette plante par des plantations commerciales s'est considérablement développée à l'étranger en raison des abondantes récoltes de câpres qu'elles procurent. Dans certaines régions algériennes de basse montagne comme le Nord de Sétif et Mila qui pourraient se prêter à la culture du câprier épineux, des peuplements de moindre importance existent déjà. Dans les conditions naturelles, la régénération est limitée d'une part par les difficultés de germination des semences liées à la dormance, et, d'autre part, par l'absence d'accumulation constante de stocks de graines dans les sols secs et érodés. Nos observations sur le terrain, appuyées par des essais de semis artificiels, ont montré que pendant la période automnale, les graines sont entraînées par les eaux de ruissellement. Ce problème de régénération incite, et cet effet, à l'extension du câprier par des plantations. L'intervention se heurte malheureusement à un défaut de production de plants, du fait des essais infructueux tentés sur la multiplication par semence et par bouture.

La recherche, à des fins de production de plants de câprier, des techniques adaptées, a été conduite dans plusieurs laboratoires de semences et de culture in vitro, en Italie par **Baccaro (1978) ; Gorini (1981) ; Barbera et Di Lorenzo (1984) ; Ancorra et Cuozzo (1985)**, en Espagne par **Vivancos (1973) ; Lozano Puche (1977) ; Luna Lorento et Perez Vicente (1985) ; Rodriguez et *al*., (1986)** et en Chypre par **Orphanos (1983)**.

Notre objectif consiste à déterminer les conditions de multiplication à partir de la technique par voie de graines pour remédier en partie aux difficultés de germination. Les essais sur la levée de dormance ont été entrepris à l'aide de protocoles de stratification. Nous avons opté pour cette technique car les tentatives répétées en cascade des méthodes de traitements divers **(Heller, 1978 ; Mazliak, 1982)** n'ont pas abouti aux résultats escomptés. Elle nous permet de tenter de définir avec quels milieux de traitement, dans quelles conditions de température et quels pourraient être les délais de conservation à observer pour obtenir dans le minimum de temps le maximum en proportion de germination.

2.2. MATERIELS ET TECHNIQUES
2.2.1. Matériel végétal

Toutes les graines ont été récoltées à maturité normale (chute naturelle) aux mois d'août et septembre dans la région de Béni Aziz (Nord-est de Sétif), **(figure24)**.

Elles sont conservées de manière identique : immédiatement après leur récolte, elles sont débarrassées des restes de fruits dans lesquels elles étaient enfermées, et lavées abondamment afin d'éliminer toute trace de pulpe (**figure 34, chapitre III**). Elles sont mises ensuite à sécher à l'ombre et à sec, et restent conservées ainsi au laboratoire dans un endroit aéré jusqu'au moment de la stratification.

2.2.2. Techniques

La stratification a lieu dans l'année en cours. Deux séries d'essais de stratification furent menées parallèlement :
- Au laboratoire[1]
- En pépinière [2]

L'ensemble des protocoles a été mené, en général, au cours du premier semestre de l'année expérimentale ; soit : de décembre à juin.

Le tableau 12 précise le détail des dates concernant les deux protocoles : de stratification et de germination.

Fig. 24. Site de récolte de graines de *Capparis spinosa* L. var. *aegyptia* - Au premier plan : ravinement à l'adret (remarquer zone schisteuse très dégradée et quelques xérophytes en coussinet sans importance et à peine individualisés ; seul à l'état pionnier survit le Câprier avec des capacités prolifiques, **Fig. 25**). En arrière : ubac cultivé (Région de Maouia environ 800 m d'altitude - Béni Aziz – Sétif).
Clichés : Benseghir - Bekka

---

[1] Laboratoire de Physiologie Végétale de l'Université de Sétif.
[2] Pépinière de Boussellam de Sétif.

Fig. 25. Déhiscence des fruits du Câprier naturel. On comptabilise en moyenne 100 graines par fruit exposé au soleil.

2.3. Substrat et conditions de stratification
2.3.1. Sable humide extérieur (SHE)

Les graines sont stérilisées en les trempant pendant 12 minutes dans l'hypochlorite de sodium (Na C10⁻) à 12° et lavées abondamment.

Les graines sont déposées en couches alternées avec du sable de rivière bien lavé et humide, en terrines de 40 cm, placées en plein air donc subissant directement les variations de température et de l'humidité du milieu extérieur **(tableau 13)**.

Le protocole a porté sur deux aspects relatifs à la désinfection du substrat :

Série I : présence de fongicide [1].

Série II : absence de fongicide.

Il a été fait mention, en effet, dans des travaux analogues réalisés par nos soins en 1987, de la question de développement intense de pourritures de semences non stérilisées conservées dans le sable non désinfecté (données non

---
[1] Produit dit Fongisol ou lc Fongisol, de marque Clause.

publiées).

Celui-ci est alors rincé abondamment et bien sec. L'opération de désinfection est réalisée à une semaine avant la stratification.

Protocoles Milieu	Tableau 12 : Résumé des périodes expérimentales testées.	
	Périodes Expérimentales	
	Stratification	Germination
Extérieur	-SHE* SERIE I : du 10 février au 24 mai SERIE II : 10 février au 27 mars	-SHE SERIE I : du 10 février au 7 juillet SERIE II : du 10 février au 15 juin -SHI Période I : du 10 février au 11 juin Période II : du 10 mars au 29 juin -SHF Du 8 décembre au 21février
Intérieur	-SHI* Période I : du 10 février au 24 mai Période II : du 10 mars au 24 juin	NEANT
Frigo	-SHF* Du 8 décembre au 21février	NEANT
Etuve	NEANT	-SHE SERIE I : du 10 février au 11juin SERIE II : du 10 février au 1mai -SHI Période I : du 10 février au 13 juin Période II : du 10 mars au 29 juin -SHF Du 8 décembre au 21février

* Voir définitions des abréviations SH (F, I et E) dans le texte.

Tableau 13 : Pluviosité et températures subies par les semences stratifiées et germées en plein air (station de Sétif).

Date de Stratification	Températures Moyennes (°C)		Quantité d'eau (mm)
	Minima	Maxima	
10/02 au 25/02	5,10	18,30	-
26/02 au 12/03	6,10	17,30	0,28
13/03 au 27/03	5,50	15,60	0,82
28/O3 au 10/04	6,00	15,90	1,13
11/04 au 25/04	3,80	15,70	1,94
26/04 au 10/05	8,40	16,50	3,90
11/04 au 24/05	13,80	23,80	1,53
25/5 au 09/06	12,90	25,10	0,38
10/06 au 24/06	18,00	31,80	0,84
		TOTAL	10,82

2.3.2. Sable humide frigo (SHF)

Un lot de graines est désinfecté selon la méthode décrite en SHE. Les semences sont ensuite déposées, en couches alternées avec du sable bien lavé et désinfecté au Fongisol dans des bacs en plastic de 50 x 30 x 10 cm, percés de quelques trous afin de faciliter le drainage. Un feuillet poreux de maille plastique [1] sépare les couches de graines et de sable.

Le milieu de substrat est humidifié par de l'eau distillée. Les bacs sont gardés pendant 75 jours dans un réfrigérateur, à une température comprise entre +2 et +5 °C. Des apports d'eau distillée ont été opérés pour assurer une humidité constante.

2.3.3. Sable humide intérieur (SHI).

Le présent protocole est inspiré d'une méthode espagnole **(Luna Lorento et Perez Vicente, 1985$_a$)**.

Les germinations, par cette technique, sont obtenues au terme d'étapes chronologiques suivantes :

Après stérilisation des semences et leur rangement alterné dans le sable

---
[1] Produit d'ombrage pour support d'éléments filtrants de marque E.N.P.C.

désinfecté, d'épaisseur 1 à 3 cm et 4 à 5 cm pour les couches superficielles, on place le tout dans un bac suffisamment drainé pour faciliter l'infiltration de l'eau d'arrosage **(figure 26)**. Le bac est conservé au laboratoire à l'abri des courants d'air.

Placées dans de telles conditions, les graines subissent les variations de température ambiante oscillant entre 15 et 20°C. Deux périodes de stratification sont étudiées **(tableau 12)**.

Quelques points utiles en pratique nécessitent un complément d'information :
- Toute la surface intérieure du bac est couverte par un tissu en toile pour que l'arrosage ne détruise pas les composantes de la stratification.
- Pour une manipulation aisée des semences, parfois prégermées, et vu évidemment leur minuscule taille, les couches de celles-ci sont séparées de celles de substrat par un morceau de toile de dimensions telles qu'il occupe toute la section horizontale du bac obtenant ainsi des graines dépourvues de sable.
- Pour maintenir l'humidité dans les parties superficielles, le bac est totalement couvert par un tissu de matière s'imbibant facilement.
- On arrose le tout copieusement jusqu'à saturation.

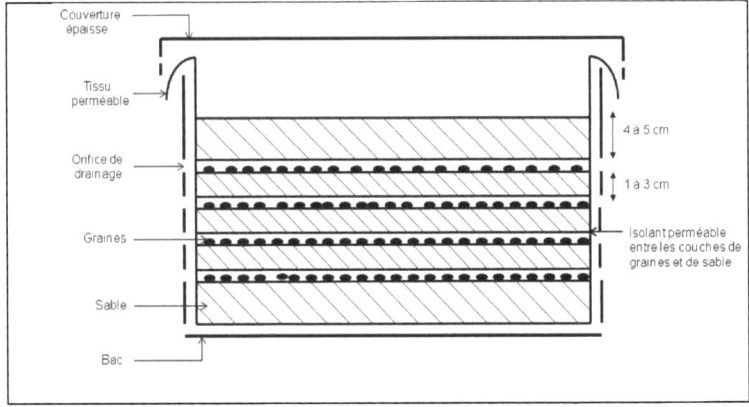

Fig. 26. Schéma du dispositif de stratification des graines de câprier.

2. 4. Modalités du suivi

Les observations sont notées tous les quinze jours à partir des dates de stratification et germination, avec prélèvement de 800 graines. La mise en germination a eu lieu selon deux séries :

-En boîtes de Pétri à 25 ± 1°C (température en étuve) : 400 graines à raison de 100 par boîte, sont semées sur du papier filtre imbibé d'une solution de Benomyl / Benlate à 250 ppm **(Orphanos, 1983).**

-Et en terrines (à claire voie) : 400 semences à raison de 100 par terrine, sont mises à germer dans un mélange de 1/3 sable de rivière, 1/3 terre végétale et 1/3 terreau[1]. Les graines sont déposées délicatement sur la partie superficielle de ce support.

- Certaines semences montrent déjà une prégermination (tégument ouvert et apparition de la radicule chez quelques unes) **(figure 27)**. Elles sont recouvertes ensuite d'une fine couche de terre à profondeur constante.
- Dans les deux milieux de germination, les graines sont maintenues à une humidité constante.
- Dans le milieu de germination, en plein air, on intervient par des désherbages fréquents.
- En terre, sont considérées comme germées toutes les graines dont la tigelle atteignait 1 cm au-dessus du niveau de germination.
- Dans les boîtes, dès apparition nette de la percée tégumentaire par la radicule **(Come, 1970)**, la graine est considérée comme germination.

---

[1] Substrat issu de la décomposition de déchets ménagers.

Fig. 27. Dispositif expérimental, mise en germination en terrines à claire voie, pépinière de Boussellam- Sétif.

2.5. MODE D'EXPRESSION DES RESULTATS

Les critères observés sur les germinations sont :
- L'effectif des semences germées,
- La vitesse de germination,
- Et le nombre moyen jours- levée,

+ L'effectif en pour-cent des semences germées, après un certain temps, est calculé par la relation suivante :

$$n' = 100 \sum n / N$$

Où : $\sum n = n_1 + n_2 + n_3 + n_4$ est le nombre total de germinations observées.

Et N est le nombre total de semences étudiées.

+ Le coefficient de vélocité (C_v) établi par **Kotowski (1926; in Mazliak, 1982)** décrit le déroulement de la germination. Il s'exprime par la formule suivante :

$$C_v = \frac{N_1 + N_2 + N_3 + \ldots N_n}{N_1T_1 + N_2T_2 + N_3T_3 + \ldots N_nT_n} \times 100$$

Et

$$T_m = \frac{N_1T_1 + N_2T_2 + N_3T_3 + \ldots + N_nT_n}{N_1 + N_2 + N_3 + \ldots + N_n}$$

Où : N_1 est le nombre de semences germées au temps T_1,

N_2 le nombre de semences qui ont germé entre le temps T_1 et T_2, etc..... .

+ Pour chaque effectif cumulé, on calcule la valeur du nombre moyen de jours-levée et son écart type.

2.6. EXPRESSION DES RESULTATS ET COMMENTAIRES

Pour l'ensemble des expérimentations les figures 28, 29, 31 et 32 laissent constater que les graines non traitées germent avec un résultat qui ne dépasse pas 4%. Ceci confirme leur inaptitude à germer. La pénétration de l'eau se fait difficilement à travers le tégument au début de la stratification (15 - 30 jours), ceci s'explique par les pourcentages de germination légèrement et progressivement améliorés (9 - 16 et 31% pour S.H.I).

Ces observations sont appuyées par celles de **Heller (1978), Mazliak (1982), et Thevenot (1985).** Ils notent en général que les graines qui ne germent pas, sont appelées ``dures`` car, même en présence d'eau, elles conservent leur aspect et leur dureté d'origine.

En effet les semences de Câprier sont remarquables non seulement par l'extrême dureté du tégument mais aussi par la très forte soudure des deux valves qui ne permet pas à la radicule de faire saillie.

A la loupe binoculaire, une coupe longitudinale permet l'observation de la structure de la graine **(figure 41 p9 et p10 chapitre III)**

2.6.1. Graines germées

a. Semences conservées dans le milieu SHE.

Pour tous les essais, nous avons reporté dans le **tableau 14** le nombre moyen de jours – levée et celui des graines germées.

Il nous permet de dégager les éléments suivants :

La stratification des semences dans un sable humide, maintenu à l'extérieur pendant 75 à 90 jours, donne le 1/4 de la capacité de germination.

La levée des graines semées en plein air, pendant 75 jours, donne un résultat de 28% avec une moyenne de jours de germination de 31 ± 8,90.

La levée en boîtes de Pétri nécessiterait en moyenne 13,50 ± 2,90 de jours de germination et dans ces conditions le pouvoir germinatif n'atteint que 22%.

La **figure 28** montre combien les résultats ne sont pas significatifs sous des conditions extérieures. Les quelques germinations signalées ne s'observent qu'à l'approche des conditions printanières.

Il est à noter, par ailleurs qu'en l'absence de fongicide, les semences moisissent à partir du 45ème jour de stratification (série II).

b. Graines stratifiées dans SHF

Contrairement aux résultats précédents, le procédé de stratification maintenu au froid humide, a exposé les semences à une incapacité totale de germination. On observe dans le **tableau 15** que le résultat est nul à partir du 45ème jour de conservation alors qu'il atteignait 4% au début de la stratification et 1% pour des graines stratifiées pendant 15 à 30 jours. Ces résultats concordent avec ceux d'**Orphanos (1983)** obtenus sur des graines de Câprier qui ne germent pas du tout après leur conservation dans des conditions hermétiques pendant 120 jours à 1°, 4° et 8° C.

c. Stratification dans SHI

Contrairement aux conditions de SHE, la conservation, à partir de mois de février dans une ambiance intérieure pendant un certain nombre de jours, améliore nettement la germination. La **figure 28** indique l'écart important de germination entre SHI et SHE pour les deux protocoles de germination.

Dans le **tableau 16,** on remarque un pouvoir germinatif de 71% pour les essais de germination de terre; il est de 69% pour ceux réalisés en étuve. Il leur faut respectivement 75 jours et 60 jours de stratification en sable humide. Pour parvenir à un tel résultat de germination, il a fallu en moyenne 21,5 ± 6,90 pour les graines semées en plein air et 11 ± 3,70 pour celles germées en boîtes de Pétri.

c.1. Influence de la période de stratification sur les réponses germinatives

Les 4 courbes de la **figure 29** montrent les variations des capacités de germination en fonction de des durées de stratification exécutées selon deux périodes aléatoires. On peut remarquer, en effet, qu'à un intervalle d'un mois, entre la période I et la période II, le pourcentage de germination se réduit à 55% pour les germinations de terre et 41% pour celles des boîtes de Pétri.

Tableau 14 : Nombre moyen jours – levée et nombre de graines germées pour 400 semées après stratification dans le milieu SHE.

Série de stratification	Nbre de jours de stratification	Date de mise en Germination	Pourcentage moyen de graines germées en boîtes de Pétri (%)	Nbre moyen de jours De germination et Ecart type	Pourcentage moyen De graines germées en terre (%)	Nbre moyen de jours De Germination et Ecart type
SERIE I: Présence de fongicide	0	10 février			0	-
	15	25 février	2	13,00 ± 3,20	2	88,50 ± 5,20
	30	12 mars	2	14,50 ± 3,50	0	-
	45	27 mars	3	17,00 ± ?,60	4	47,00 ± 3,20
	60	10 avril	3	14,50 ± 3,50	8	43,50 ± 8,10
	75	25 avril	5	13,50 ± 3,50	28	31,00 ± 8,90
	90	10 mai	10	10,50 ± 2,90	22	43,50 ± 9,20
	105	24 mai	22	13,50 ± 2,90	5	11,00 ± 4,90
			2	11,50 ± 4,00		
SERIE II : Absence de Fongicide	0	10 février			3	103,00 ± 10,4
	15	25 février	3	13,50 ± 2,90	5	92,00 ± 12,90
	30	12 mars	2	13,00 ± 4,90	8	73,50 ± 12,10
	45	27 mars	2	15,00 ± 3,80	1	55,50 ± 11,70
	60	-	-	-	-	-
	90	-	-	-	-	-
	105	-	-	-	-	-

Les signes – correspondent aux essais de germination qui n'ont pas été réalisés, par manque de graines saines à partir du 45 ^{ème} jour de stratification.

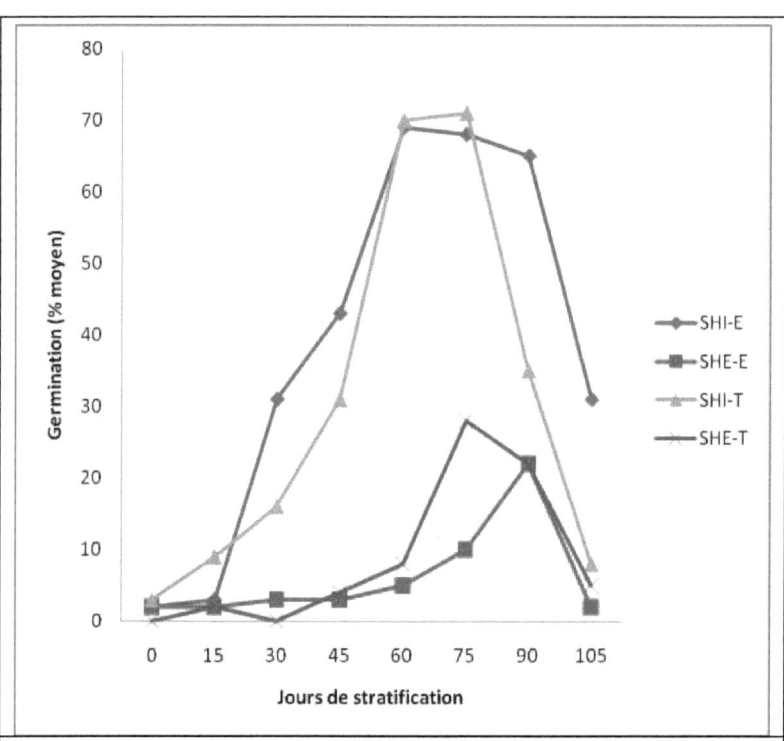

Fig. 28. Influence du milieu de stratification (SHI, SHE) sur le pourcentage de semences germées en étuve(E) et en plein champ(T).

Tableau 15 : Nombre moyen jours – levée et nombre de graines germées pour 400 semées après stratification dans le milieu SHF.

Nbre de jours de stratification	Date de mise en germination	Pourcentage moyen de graines germées en boîtes de Pétri (%)	Nbre moyen de jours de germination et Ecart type	Pourcentage moyen de graines germées en terre (%)	Nbre moyen de germination Ecart type
0	08 décembre	4	12,00 ± 3,70	0	-
15	23 décembre	1	12,50 ± 4,00	0	-
30	07 janvier	1	13,50 ± 4,00	0	-
45	22 janvier	0	-	0	-
60	06 février	0	-	0	-
75	21 février	0	-	0	-

c.2. Influence des durées de stratification sur le déroulement des levées

Sur la **figure 30** apparaît l'effet des durées de stratification sur le déroulement de la levée des semences.

Les courbes correspondent aux moyennes de jours de levée avec leurs écarts types ; elles diffèrent pour les deux périodes et pour les durées de stratification.

Pour la première période : en début de stratification (15 et 30 jours), la germination se déroule lentement (78,50 ± 6,90 et 59,50 ± 6,90) ; vers la fin de l'application (105 jours), la levée se réalise en un temps moyen plus court (11 ± 3,70).

Pour la seconde période : le nombre moyen de jours de levée est élevé (54,50 ± 1,10) à 15 jours de la stratification, il n'est que de 8,50 ± 1,00 à 90 jours de la stratification.

Tableau 16 : Nombre moyen jours – levée et nombre de graines germées pour 400 semées après stratification dans le milieu SHI.

Période de Stratification	Nbre jours de stratification	Date de mise en germination	Pourcentage moyen de graines germées en boîtes de Pétri (%)	Nbre moyen de jours de germination et Ecart type	Pourcentage moyen de graines germées en terre (%)	Nbre moyen de jours de germination et Ecart type
PERIODE (I)	0	10 février	2	14,00 ± 4,30	3	103,50 ± 10,90
	15	25 février	3	14,00 ± 4,30	9	
	30	12 mars	31	13,50 ± 4,60	16	78,50 ± 6,90
	45	27 mars	43	13,50 ± 4,60	31	59,50 ± 6,90
	60	10 avril	69	11,00 ± 3,70	70	43,00 ± 4,90
	75	25 avril	68	13,50 ± 4,00	71	37,00 ± 9,50
	90	10 mai	65	12,00 ± 5,50	35	21,50 ± 6,90
	105	24 mai	31	11,00 ± 4,90	8	20,00 ± 6,60 11,00 ± 3,70
PERIODE (II)	0	10 mars	9	14,00 ± 4,30	0	-
	15	25 mars	1	18,50 ± 1,70	1	54,50 ± 1,10
	30	09 avril	28	12,50 ± 5,20	30	42,00 ± 8,40
	45	24 avril	41	11,00 ± 4,30	55	27,00 ± 8,90
	60	09 avril	30	14,50 ± 4,00	51	22,00 ± 6,10
	75	24 mai	21	12,50 ± 2,90	6	15,50 ± 1,10
	90	09 juin	5	10,00 ± 1,40	1	8,50 ± 1,00
	105	24 juin	1	5,00 ± 0,80	0	-

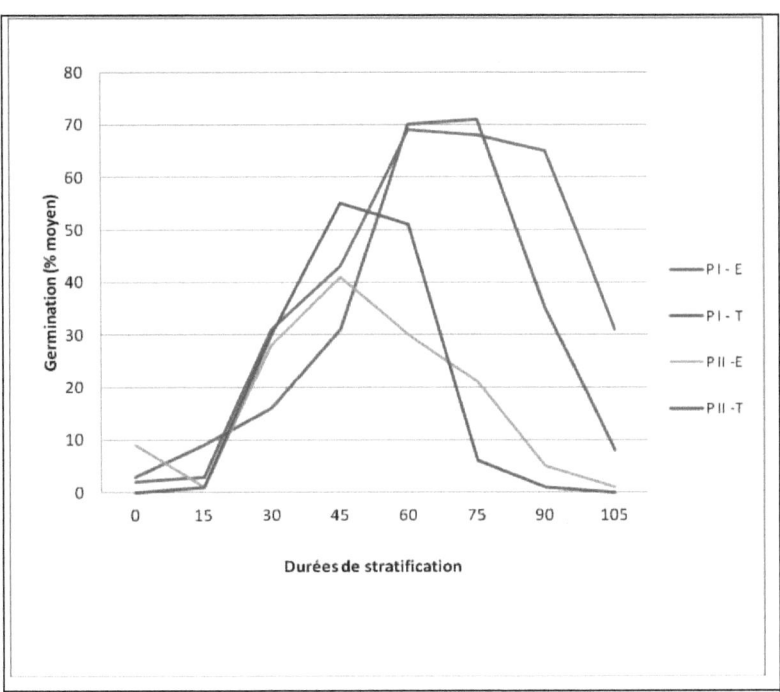

Fig. 29. Influence de la période de stratification (PI : 10 février au 24 mai-PII : 10 mars au 24 juin) sur le % de semences conservées dans SHI et germées en plein champ (T) et en étuve (E).

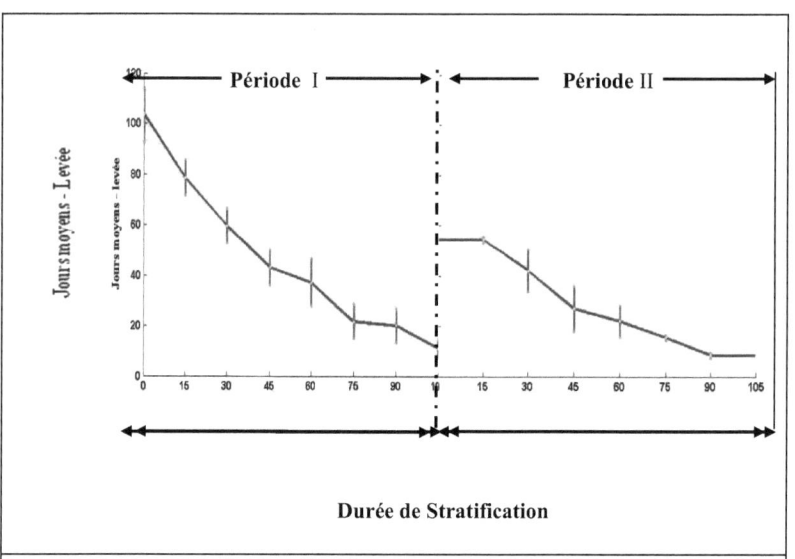

Fig. 30. Influence progressive de la série des durées de stratification sur le déroulement de la germination. Chaque point représente la moyenne et le trait — représente l'écart type, établis sur 100 semences (4 répétitions) germées à claire voie et traitées préalablement dans SHI durant deux périodes distinctes : PI (du 10 février au 24 mai) et PII du 10 mars au 24 juin).

Le nombre moyen de jours de levée décroît donc au fur et à mesure que n'augmente la durée de stratification. Et l'écart type suit la même allure. La levée est mieux groupée en période II qu'en période I mais avec un taux de germination plus faible.

c.3. Influence des conditions de germination sur la vitesse de levée

La capacité de germination ne se déroule pas à la même vitesse dans les deux conditions de germination. Les courbes de germination en **figure 31** et

32 montrent qu'à température maintenue constamment à 25 ± 1°C, la levée est rapide, groupée et régulière (clôture du protocole à 21 jours).

A températures variables extérieures, la germination est plutôt hétérogène, lente et étalée dans le temps.
Ceci est sans doute du au fait qu'à température constante, il y a déclenchement beaucoup plus rapide de la germination qu'à températures extérieures variables.

Les résultats sont par contre, évidents pour les semences germées avec l'élévation des températures moyennes extérieures (23,8°C) vers la fin mai (**tableau 13**).

Ce qui se traduit, de façon très nette dans la **figure 32**, par des pourcentages de levée plus élevées (70 et 71 %) enregistrés à cette époque.

Le calcul des coefficients de vélocité exprime mieux, ici, la vitesse de germination (**tableau 17**).

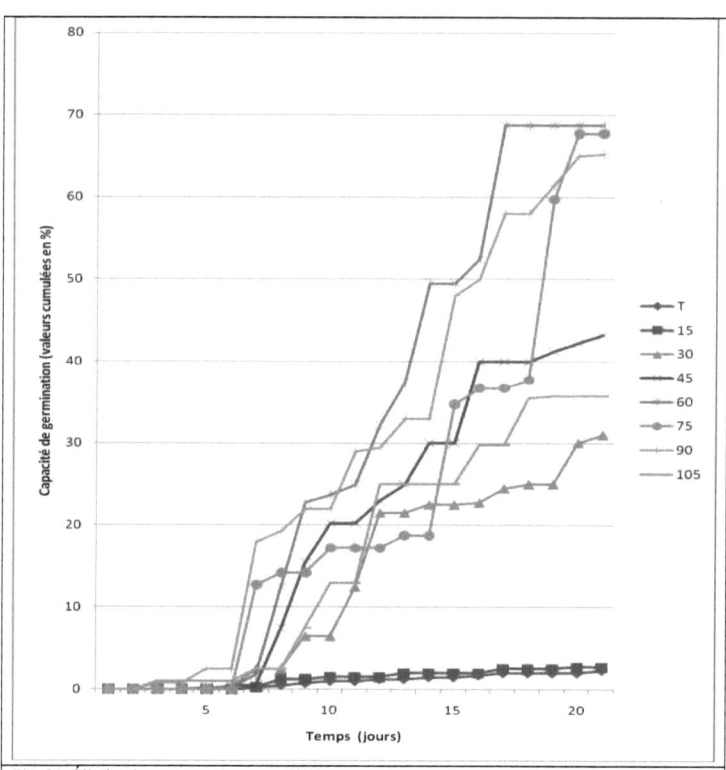

Fig. 31. Élimination progressive, sous l'influence de la stratification de plus en plus prolongée (15-30-45-60-75-90 ou 105 jours) dans SHI, de l'inaptitude à la germination(en étuve) des graines dormantes à l'origine. La courbe T correspond aux semences n'ayant subi aucun traitement.

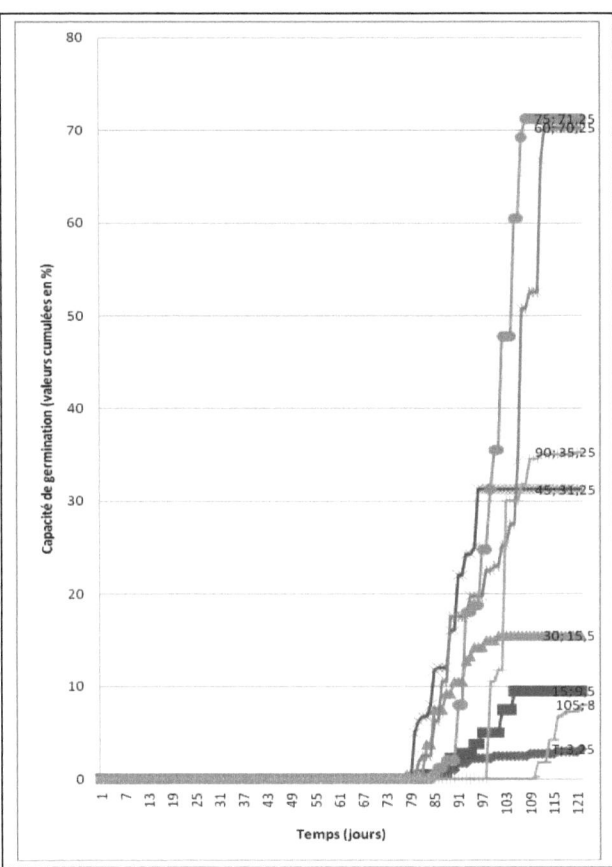

Fig. 32. Élimination progressive, sous l'influence de la stratification de plus en plus prolongée (15-30-45-60-75-90 ou 105 jours) dans SHI, de l'inaptitude à la germination(à claire voie) des graines dormantes à l'origine. La courbe T correspond aux semences n'ayant subi aucun traitement ; les chiffres (de gauche correspondent à la durée de stratification ; de droite au % de germination).

Tableau 17 : Coefficient de vélocité de Kotowski.

Durée de stratification (jours)	SHI 1ère période-terre		SHI 1ère période-étuve	
	C_v	T_m	C_v	T_m
0	1,04	96,46	9,19	10,88
15	1,32	76,05	8,53	11,72
30	1,72	58,33	7,66	13,06
45	2,30	43,48	8,13	12,09
60	2,37	42,21	8,01	12,48
75	4,03	24,80	8,37	11,95
90	7,90	12,65	8,28	12,07
105	10,13	9,87	8,74	11,43

De l'observation de cette grandeur, il en ressort que plus C_v est grand, plus la vitesse de germination est rapide. En effet, chez les germinations extérieures, le coefficient C_v augmente progressivement (de 1,04 à 10,13) et le temps moyen T_m diminue au même rythme (de 96,46 à 9,87) alors que la rentrée en étuve maintient la valeur de Tm entre 10,88 à 13,06 et celle de C_v entre 7,66 et 9,19.

Toutefois, vers la fin de la stratification (90 jours), les germinations, de plein air, atteignent la vitesse que mettent celles de l'étuve pour germer en 21 jours (C_v = 7,90 et T_m = 12,65) ; mais à ce stade, on trouve des semences prégermées dans le milieu même de stratification.

Les valeurs élevées en capacité germinative (**figure 32**) pour les durées de stratification 60 et 75 jours mettent en évidence l'influence favorable des conditions extérieures de germination sur la vitesse de germination. A ce stade, il y a un seuil favorable, à la fois, à la levée de dormance et à la vitesse de germination.

2.7. - DISCUSSION ET PERSPECTIVES

D'après les résultats obtenus, on peut espérer en pratique, la germination de Câprier en conservant les semences dans un substrat humide (SHI) maintenu à une température ambiante (15 – 20) °C durant 75 jours. La réfrigération (SHF) ne favorise guère la germination.

La période de stratification en SHI est comprise entre 60 et 75 jours, à partir de la mi-février. Les semis peuvent être effectués vers le début de mai. Les germinations se déroulent une à deux semaines après. On évitera de stratifier au-delà de 75 jours auquel cas les semences germeront dans le milieu de stratification. Leur transfert en lieu de semis sera alors délicat. La date de transfert des semences stratifiées, dans les travaux de **Luna Lorento et Perez Vicente (1985$_a$)**, en Espagne méridionale, va d'Avril jusqu'à Mai.

En ce qui concerne le milieu SHI, le maintien d'une humidité constante sans excès, est essentiel impliquant sinon de nombreuses pourritures préjudiciables aux germinations. La désinfection des semences et du substrat est également indispensable.

D'autre part, un certain nombre de semences, dans tous les lots, constitués pourtant par les plus grands soins, n'a pas germé. Les semences n'ont pas forcément le même comportement physiologique. C'est alors une cause indépendante du traitement appliqué. Le pourcentage de germination le plus élevé n'est que de 71%.

Il est important de noter ici, que les graines prélevées en automne, proviennent de baies mûres ceci correspond à un fruit déhiscent. A ce stade, les baies sont d'un vert foncé avec des tons violacés. La couleur de la pulpe y est d'un rouge intense et celle de la semence marron. La semence a la forme d'un rein et atteint 2-3 x 3-4 mm. Les fruits de petite taille, fermés ou peu déhiscents donnent, par contre, un pourcentage important de graines immatures.

De ce fait, une étude de tous les mécanismes mis en jeu (hétérogénéité des semences, viabilité, constitution génétique, structure de l'embryon...) mérite d'être abordée.

Ces essais confirment, par ailleurs, que la dureté tégumentaire, souvent impliquée dans les propriétés germinatives du Câprier **(Baccaro, 1978 ; Orphanos 1983 et Luna Lorento et Perez Vicente, 1985$_a$)**, est responsable de l'inaptitude des graines à germer.

Cet obstacle à la germination s'explique par, d'une part la dureté de la coque et l'incapacité de la plantule à faire saillie, empêchant ainsi l'expansion de l'embryon, et, d'autre part le phénomène de dormance nécessitant la stratification, il y a en général élimination d'un inhibiteur soluble provenant des téguments **(Heller, 1978)**.

La structure complexe de la graine et la dureté de l'enveloppe constituent une barrière de premier ordre à la diffusion de l'oxygène vers l'embryon **(Orphanos, 1983)**.

Les enveloppes de la semence renferment des composés phénoliques. D'après **Come (1970, 1975)**, ceux-ci pourraient intervenir en fixant de l'oxygène **(figure 33)**.

Dans les conditions naturelles, la levée de la dormance est en général, réalisée par la dessiccation des téguments, qui augmente la perméabilité aux gaz et par des bactéries qui les dissocient.

En outre les besoins en oxygène des embryons diminuent avec le temps ; ce qui facilite la levée de la dormance **(Heller, 1978)**.

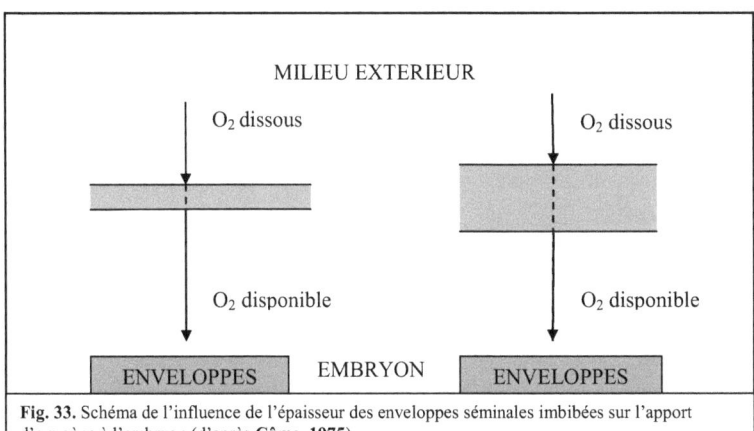

Fig. 33. Schéma de l'influence de l'épaisseur des enveloppes séminales imbibées sur l'apport d'oxygène à l'embryon (d'après **Côme, 1975**).

L'élimination de la dormance, au cours de la conservation dans l'humidité correspondrait alors à une diminution de l'efficacité du piège à oxygène que représentent les composés phénoliques.

Il convient, cependant, d'en vérifier la généralité par des recherches approfondies. Toutes les différentes particularités développées, ici, présentent l'avantage d'être très utiles en pratique avec une meilleure chance de réussite.

CHAPITRE III : TRAITEMENTS CHIMIQUES SUR LA GERMINATION DES GRAINES

RÉSUMÉ

Le Câprier est probablement la seule espèce arbustive capable d'offrir autant de qualités et d'usages : condiment en alimentation humaine, médecine traditionnelle et moderne, fourrage, protection contre l'érosion, adaptation à la sécheresse, plante mellifère et ornementale. Les câpres (boutons floraux) algériennes cueillies sur des plantes spontanées sont surtout destinées à l'exportation et constituent un marché prometteur. La mise en culture de cette plante est par contre limitée car sa propagation par semis est difficile à cause de sa capacité germinative presque nulle. La multiplication par bouturage connaît également des difficultés d'enracinement.

Dans ce travail, le problème de dormance des semences a été étudié. L'immersion, des graines de Câprier dormantes, dans l'acide sulfurique concentré pendant 20 minutes a provoqué une germination de 30%. Leur trempage dans une solution d'acide gibbérellique à 400 ppm de 4 à 24 heures donne 43% de germination. Si les graines sont trempées dans 50, 100, 200, 300, 400, 800 ou 1000 ppm d'acide gibbérellique, après une scarification à l'acide sulfurique, le pourcentage de germination atteint 49 – 76%.

Mots clés
Acide gibbérellique - Acide sulfurique - Câprier - Graine dormante.

3.1. INTRODUCTION

Capparis spinosa L. est une espèce appartenant à la famille des Capparidacées. C'est un arbuste du bassin méditerranéen qui présente un intérêt écologique et socio-économique (**Barbera, 1991 ; Rivera et *al.*, 2003; Rhizopoulou et Psaras, 2003; Olmez et *al.*, 2004$_a$; Jiang et *al.*, 2007**). Son développement privilégié dans les régions jouissant d'un climat semi-aride et aride et sur des terrains à sols ingrats suscite un intérêt considérable quant à son utilisation comme espèce de plantation.

Dans certaines régions algériennes de basse montagne comme le Nord de Sétif, Bordj Bou Arreridj et Mila qui pourraient se prêter à la culture du Câprier épineux, des peuplements en densité très négligeable existent déjà. Dans les conditions naturelles, la régénération est limitée par les difficultés de germination dues à la dormance des graines (**Olmez et *al.*, 2004$_b$- 2006; Benseghir et Séridi, 2007**). Ce problème incite, à cet effet, à l'installation du Câprier par des plantations. L'intervention des pépiniéristes locaux se heurte malheureusement à un défaut de production de plants, du fait des essais infructueux tentés sur la multiplication de la plante.

En effet, les graines placées au contact d'eau, dans des conditions favorables, ne germent pas et présentent un problème de dormance (**Benseghir et Séridi, 2005$_c$; Tansi, 1999 ; Anonyme, 2003**). Divers traitements abrasifs (**Heller, 1962 ; Mazliak, 1982 ; Crosaz, 1995**) ont été expérimentés avec insuccès. En provoquant les blessures dans les enveloppes, ces procédés sont dommageables à l'embryon. En revanche, au cours de travaux sur la germination du Câprier, **Benseghir (1993)** et **Olmez et *al.* (2004$_b$-2006)** ont montré qu'il est possible de provoquer la germination par des procédés de stratification.

Du point de vue expérimental la substitution de ces techniques par des traitements chimiques, va permettre d'approcher les facteurs intrinsèques à la semence, susceptibles de lever cette dormance.

Nous rapportons, ici, les résultats de ces travaux cherchant à définir – comment se traduit en capacité germinative l'effet de la scarification par voie chimique : l'acide sulfurique concentré et une hormone : l'acide gibbérellique, et par quelle combinaison de concentrations et de durées d'immersion dans ces deux agents, est rendue possible la germination.

En vue d'une interprétation explicite des résultats, l'étude détaillée de la structure de la graine, non élucidée par ailleurs, mérite ici des précisions pour compléter ces recherches.

3.2. MATERIELS ET METHODES

3.2.1. Matériels

Les fruits (baies) déhiscents **(figure 34)** ont été prélevés aux mois d'Août et Septembre dans la région de Béni-Aziz (Nord-est de Sétif, Algérie) **(figure 24, chapitre II)**. Les graines **(figure 35)** sont séparées et lavées abondamment à l'eau pour éliminer la pulpe. Elles sont mises ensuite à sécher sur la paillasse de laboratoire à température ambiante.

Après 8 mois de conservation et à partir d'un lot brut, on effectue un tri granulométrique approprié par tamisage des graines. Celles petites, vides et immatures (de nuance blanchâtre) ainsi que les débris divers sont séparés des graines pleines. Un test par tri densimétrique à l'aide d'un flottage direct dans l'éther de pétrole permet la submersion des graines à recueillir pour les traitements et l'ensemencement. Elles sont noirâtres et d'aspect franchement convexe en tout sens **(figure 37-P2 et P3)**.

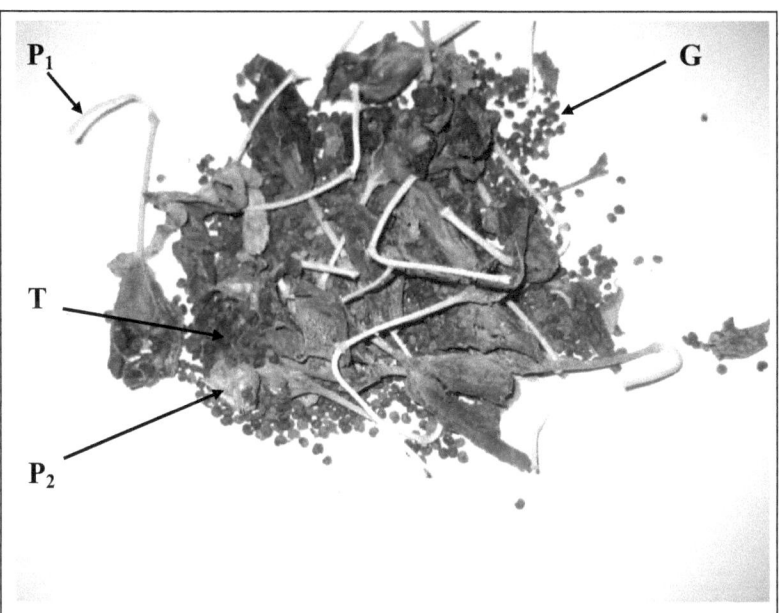

Fig. 34. Baies de Câprier de couleur rougeâtre à maturité. Remarquer le long pédoncule floral P_1, les traces de pulpe séchées **T** provoquant une adhérence des graines **G** au péricarpe P_2 non épais.

Fig. 35. Lot de graines étudiées (à l'état brut). P_1 : Graines séparées des restes de fruits pulpeux. P_2 : Lavage immédiat dans un crible doté de trous destinés à trier les graines en évitant des pertes par percolation.

3.2.2. Méthodes
A. Essais de germination

Les tests de germination sous un seul régime thermique 25 ± 1°C en étuve, ont lieu dans des boîtes de Pétri stérilisées et tapissées de papier buvard imbibé de solution constituée d'eau distillée et de fongicide (Benomyl/Benlate) pour éviter le développement des moisissures. Elle est distribuée jusqu'à ce que l'imbibition du papier soit voisine de la saturation (4 à 5 ml). Après ensemencement, les boîtes sont fermées hermétiquement par une bande de parafilm afin d'éviter toute perte d'eau par évaporation. Tous les traitements sont réalisés avec 4 répétitions de 100 semences chacune, toutes disposées sur leur face latérale. Dans ces conditions, la germination s'effectue durant 21 jours. Le comptage est effectué tous les matins. La germination est terminée **(figure 39-P$_5$)** lorsque la radicule émerge des téguments de la graine **(Côme, 1970 ; Hopkins, 2003)**.

Trois types d'expériences sont suivis selon le protocole ci-dessous :

a. Traitement à l'acide sulfurique

Cette expérience consiste à traiter et stériliser les semences à l'acide sulfurique concentré à 95%. Les graines y sont trempées durant différents temps (10, 15, 20, 25, 30 et 40 mn). Ensuite, un lavage rigoureux à l'eau courante a été opéré pendant 1mn pour éliminer les traces d'acide sulfurique, suivi d'un bain de 20 mn à l'eau distillée. Les graines sont ensemencées au contact d'eau distillée et de fongicide.

b. Traitement à l'acide gibbérellique

Une solution d'hypochlorite de sodium (NaClO) diluée à 12% est utilisée pendant 12 mn pour la stérilisation des semences. Le traitement se fait par trempage des graines stérilisées et bien lavées dans des solutions de gibbérellines de différentes concentrations (50, 100, 200, 300, 400, 500, 600, 800 et1000 ppm) pendant des durées variables (15 et 30 mn, 1, 2, 4, 24 et 48 h). Les semences sont mises ensuite à germer au contact d'eau distillée et de fongicide.

c. Traitement mixte

Les graines sont immergées durant 20 mn dans l'acide sulfurique concentré à 95%. Un rinçage et un trempage dans de l'eau distillée ont été effectués comme dans la première expérience. Elles sont ensuite trempées pendant 24 h dans une solution contenant l'acide gibbérellique à différentes concentrations (50, 100, 200, 300, 400 ou 800 ppm).

B. Tests de Tetrazolium

Le traitement des graines par le test de Tetrazolium permet d'évaluer la viabilité de l'embryon. Cette technique désignée par "Topographical Tetrazolium Test" inspirée des méthodes d'**ISTA (1966)**, s'opère selon les étapes chronologiques suivantes :

a. Préparation des solutions

- On procède avec une solution aqueuse à 1% (pH 6,5 – 7,0) de Chlorure de Tetrazolium. On dissout les sels de Tetrazolium dans une solution tampon (S) si le pH de l'eau distillée n'est pas entre 6,5 et 7,0.
- On obtient (S) en mélangeant 400 ml de la solution (S1) et 600 ml de (S2).

S1 = 9,078 g de potassium phosphate Mono potassique (KH_2PO_4) dans 1000 ml d'eau.

S2 = 11,876 g de Sodium phosphate Mono potassique (N a 2 HPO_4 2H20) dans 1000 ml d'eau.

Dans 1 litre de (S), on dissout 10 g de sels de Tetrazolium. Ceci doit ramener la solution au pH = 7,0. On obtient (S'), solution destinée au traitement.

b. Préparation et traitement des semences

Ce test porte sur 4 applications de 40 graines chacune. Les semences proviennent des mêmes lots triés et utilisés pour les expériences. Après trempage des semences durant 20h dans l'eau, on procède à l'aide d'un scalpel, à de nettes incisions longitudinales. Toutes les moitiés de chaque graine doivent baigner complètement dans (S'). Les préparations sont ensuite gardées à 30°C, à l'obscurité pendant 24 h. Après ce traitement on opère par une décantation de la solution. Les demi-graines sont ensuite délicatement lavées à l'eau. On étale les préparations et on procède à l'évaluation en les examinant minutieusement selon les critères suivants.

c. Critères d'évaluation

Les graines sont considérées viables si on observe les colorations (teintes rouges) sur l'embryon, selon les degrés suivants :
Embryon complètement coloré.
Embryon présentant des tâches peu colorées au bout de la radicule ou jusqu'à ½ longueur de celle-ci.
Embryon avec des tâches peu colorées sur les cotylédons ou les ½ des cotylédons opposés à la radicule.
Degrés 2 et 3 combinés.

C. Analyse des résultats de germination

Pour l'interprétation des données, les résultats des tests de germination ont été confrontés à une comparaison de moyennes utilisant l'analyse de la variance, à l'aide du test F (modèle plans à un facteur pour l'expérience I et III et plans à plusieurs facteurs de classification pour l'expérience II). Quant à la comparaison des résultats dont les différences sont significatives, on a eu recours au test t modifié. Ces méthodes ont l'avantage d'être faiblement sensibles à la non normalité des distributions et l'inégalité des variances **(Schwartz, 1987)**.

3.3. RESULTATS
3.3.1. Étude de la structure et de la viabilité de la graine.

a. Structure de la graine

Les observations à la loupe binoculaire montrent que cette graine, longue de 3 à 4 mm, large de 2 à 3 mm et réniforme, comporte deux parties essentielles **(figure 37-P1)**: un tégument de couleur assez foncée avec une enveloppe dure, sèche et constituée de deux valves fortement soudées avec un embryon courbe.

En orientant la graine, la face ventrale porte une large cicatrice : le hile, surface d'insertion du funicule le reliant au placenta du carpelle. Une autre cicatrice est surmontée par un petit bouton situé sur la région renflée par où le tube pollinique a gagné l'ovule : le micropyle. Le renflement en haut de la graine dont la pointe est tournée vers le micropyle **(figure 37-P2 et P3)** est la saillie radiculaire.

Une graine décortiquée laisse apparaître :
– une invagination du tégument séminal séparant les cotylédons et la radicule et offrant une grande résistance mécanique très difficile à rompre **(figure 41-P 9)** ;
– un tégument interne, très mince et membraneux présentant une légère dépression sombre. Celle-ci correspond au point d'attache de la partie interne de la graine sur le tégument **(figure 38-39-P4 et P5)**, c'est la chalaze. L'enveloppe dégagée avec précaution, l'embryon "blanchâtre " et convoluté, apparaît. Il comprend différents organes étroitement appliqués et difficilement dissociables : un prolongement volumineux, la radicule. Au milieu, la tigelle sur laquelle sont fixés de part et d'autre deux minuscules feuilles incolores avec des nervures en fente, les deux cotylédons enroulés en cornets. Au cœur de ces derniers, se distingue un bourgeon en une légère protubérance translucide : la gemmule **(figure 39-40-P6, P7 et P8)**.

Nos observations confirment celles décrites dans d'autres travaux **(Crete, 1965 ; Spichiger et *al.*, 2000)** concluant que la semence est exalbuminée. En revanche, cette organisation complexe de la semence **(figure 41-P 9)** ne concorde pas avec celle rapportée par **Orphanos (1983)**, soulignant ainsi quelques différences d'importance essentielle : la présence d'albumen et la localisation de la gemmule en dehors de l'insertion cotylédonaire **(figure 36)**.

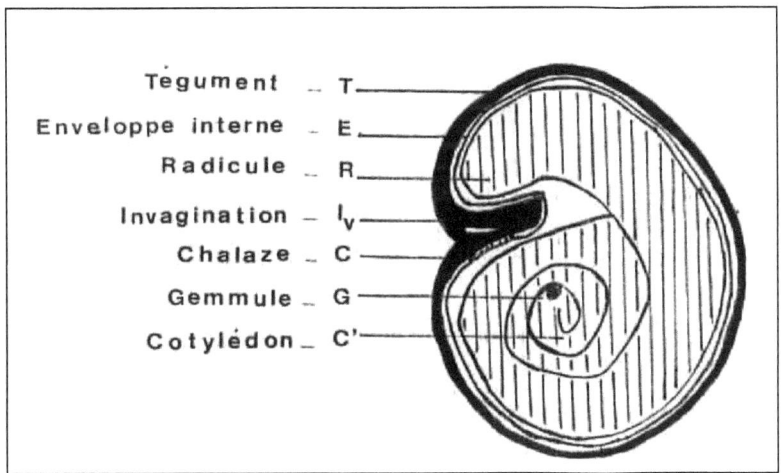

Fig. 36. Schéma de l'embryon (E, R, G, C') observé à la loupe binoculaire :
accumulant toutes les réserves, il constitue la totalité de la graine. A ce stade, la radicule déjà épaisse proportionnellement comme distinguée au stade adulte chez l'arbuste dans les conditions naturelles. C' : les cotylédons très courts.

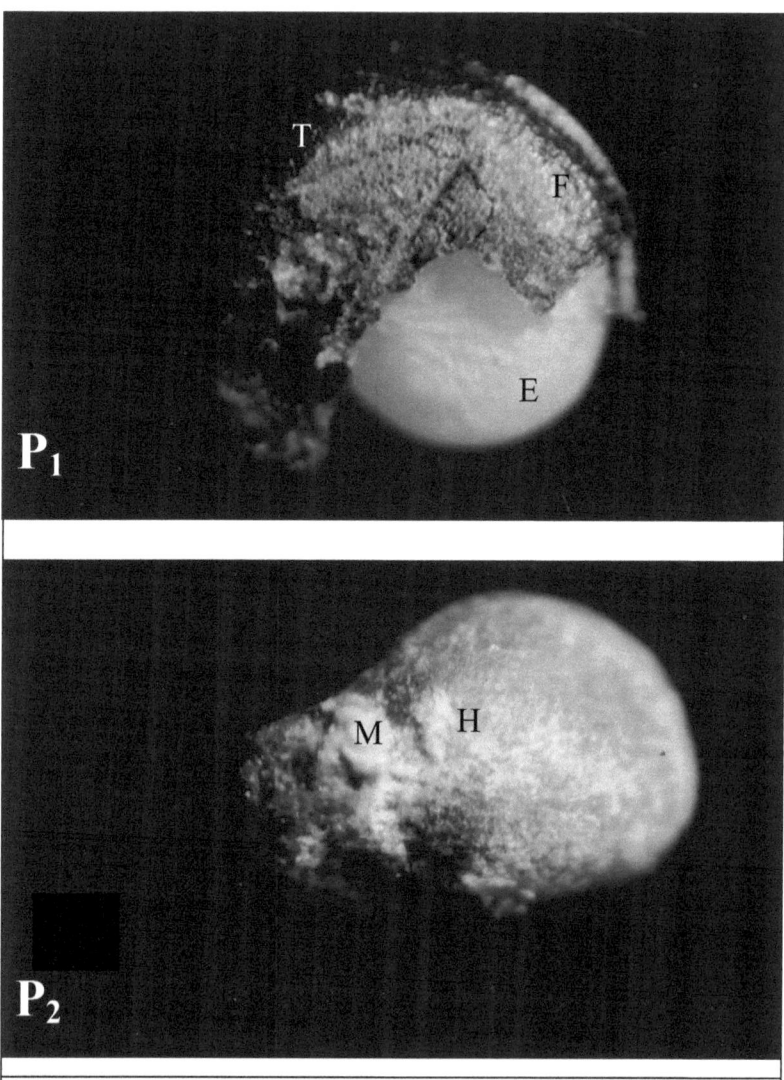

Fig. 37. – P_1 : Aspect d'une graine à moitié décortiquée, Fragment de tégument F, Tégument T, Embryon E.

– P_2 : Face, aspect extérieur de la graine, Hile H, Empreinte du micropyle M.

Clichés : Guittonneau-Benseghir

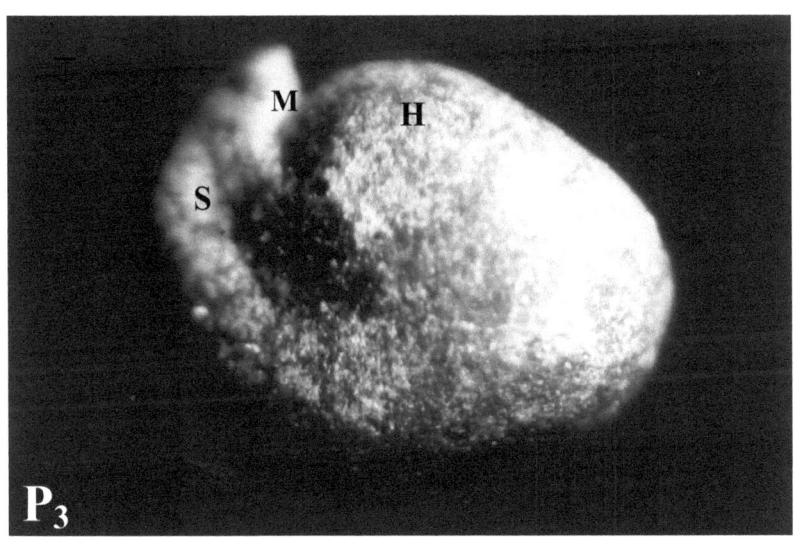

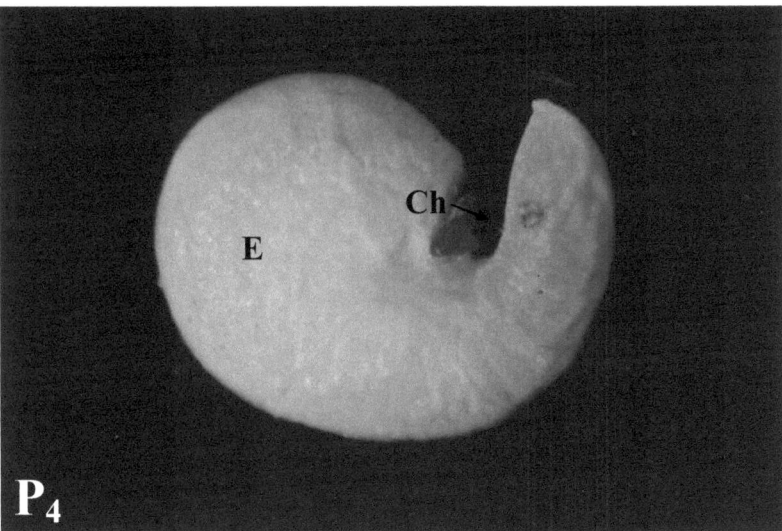

Fig. 38. – P_3 : Profil, aspect extérieur de la graine, Hile H, Empreinte du micropyle M, Saillie radiculaire S.
– P_4 : Graine décortiquée, chalaze Ch.

Clichés : Guittonneau-Benseghir

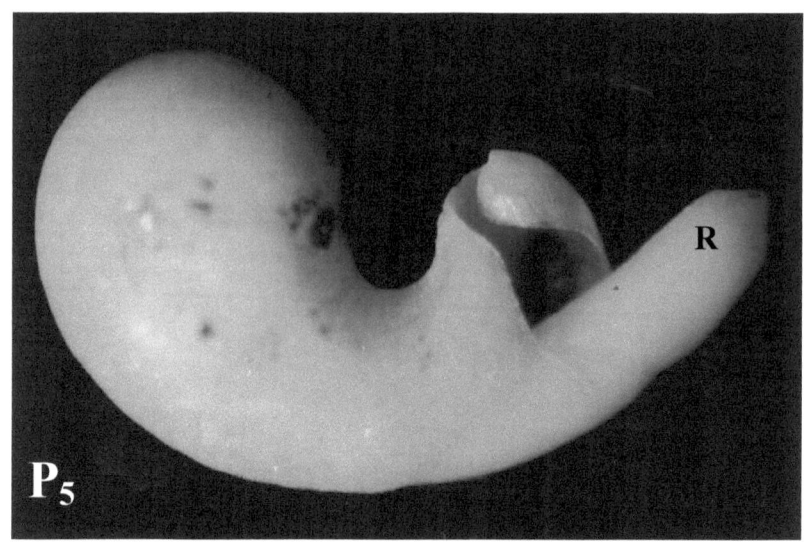

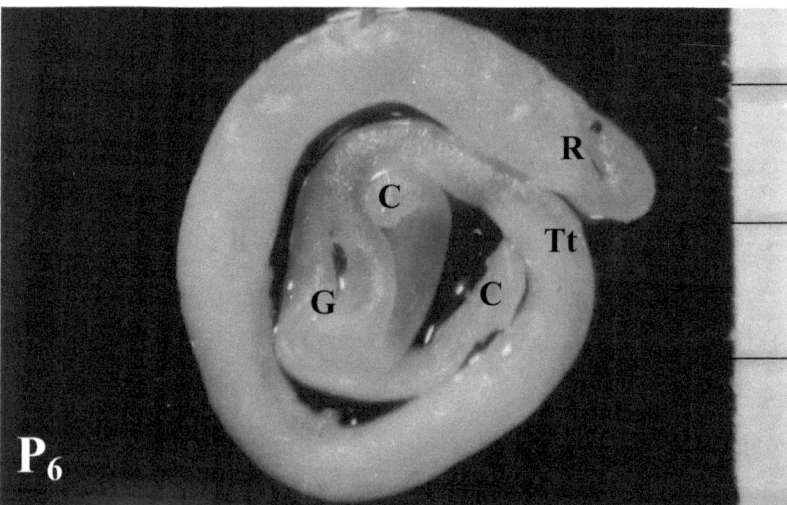

Fig. 39. - P_5 : Percée de la membrane intérieure par la radicule R. A ce stade, son émergence est observée ; on note apparition de la germination.
- P_6 : Embryon comportant radicule R, Tigelle T_t, 2 cotylédons C, Gemmule G.

Clichés : Guittonneau-Benseghir

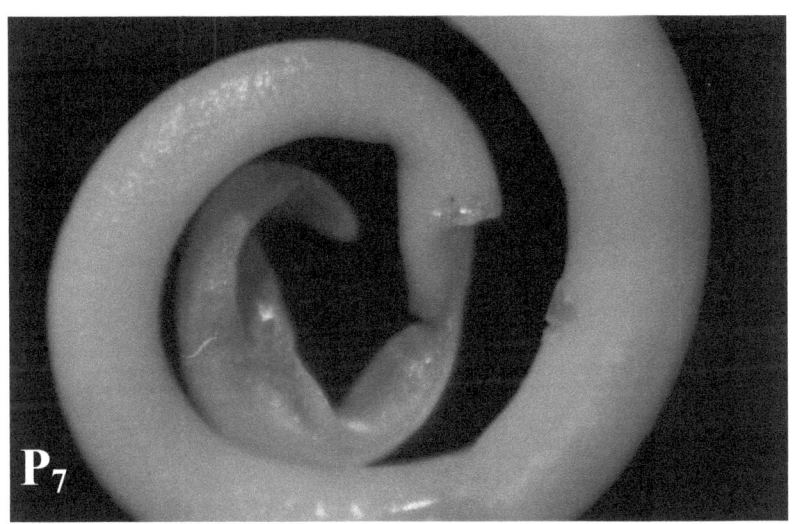

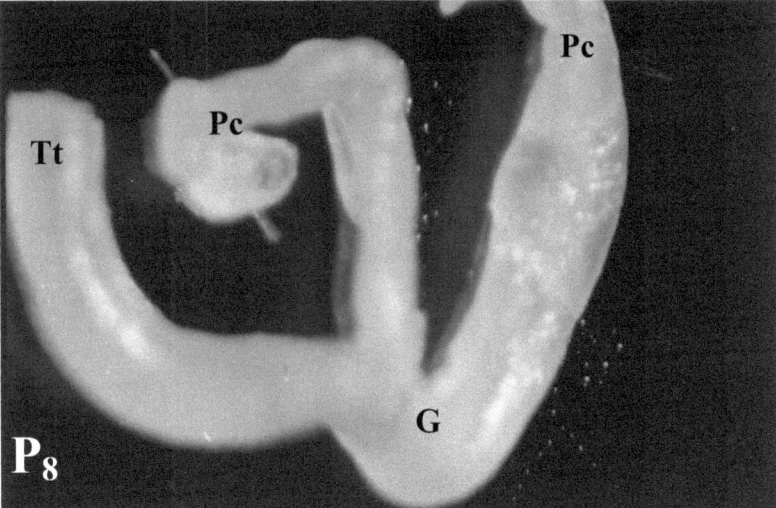

Fig. 40. – **P$_7$** : Embryon sans cotylédon supérieur présentant un cotylédon fendu dans le sens de la nervure.
– **P$_8$** : Cotylédons ouverts Pc, Gemmule G, Tigelle Tt.

Clichés : Guittonneau-Benseghir

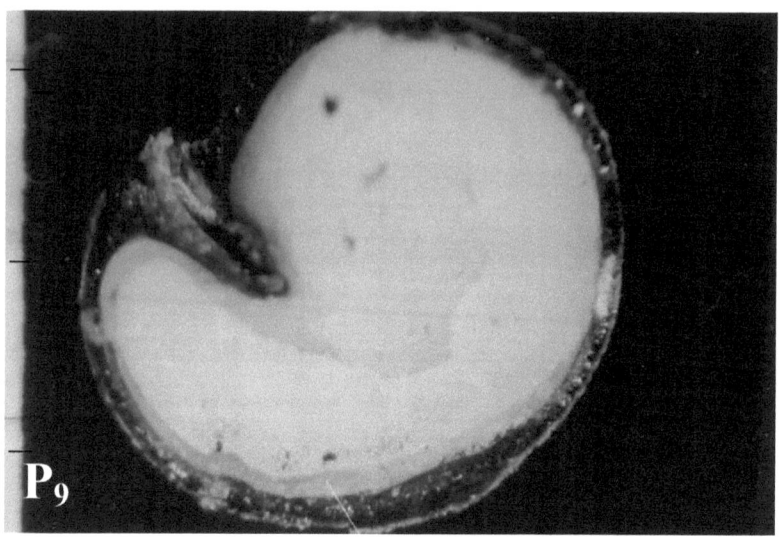

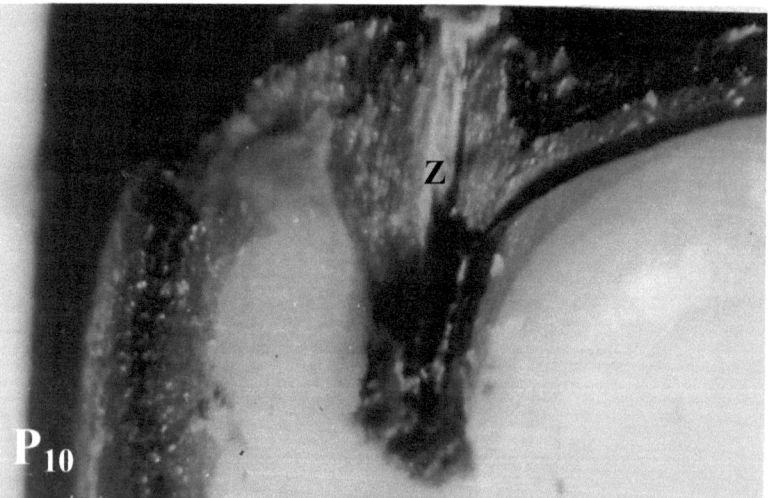

Fig. 41. Morphologie d'une semence de Câprier incisée longitudinalement. Les indices unitaires sur le bord gauche représentent chacun 1mm.
– P_9 : Section médiane. - P_{10} : La résistance à la saillie de la plantule provient de la zone Z, la soudure avec l'autre valve est extrêmement forte.

Clichés : Guittonneau-Benseghir

b. Viabilité de la graine

Le test au Tetrazolium indique que 87 % en moyenne des graines sont viables et 10% présentent un embryon qui ne peut rentrer en activité. Les semences parasitées n'apparaissent pas dans les lots étudiés.

3.3.2. Germination de la graine

A. Effet de la durée de traitement à l'acide sulfurique sur la germination des graines

Tableau 18 : Dénombrement de germinations selon la durée de traitement à l'acide sulfurique.

Durée trempage (mn)	10	15	20	25	30	40	Total	Moyenne
Nombre de Germinations Par Répétition	5 4 8 3	20 15 16 19	22 41 31 25	20 20 18 25	25 12 14 31	24 23 30 16		
Total	20	20	119	83	82	93	467	
Moyenne	5,00	17,50	29,75	20,75	20,50	23,25	116,75	19,46

Tableau 19 : Test de signification de l'effet durée du traitement à l'acide sulfurique à l'aide de l'analyse de la variance à : $\alpha = 5\%$.

(1) Origine	(2) SCE	(3) DDL	(2/3) V	F
- Entre durées de trempage dans l'Acide sulfurique	$\Sigma = TI^2/4 - TG^2/24 = 1343,71$	5	268,7	7,9
- Résiduelle	$\Sigma x^2 - \Sigma TI^2/4 = 612,25$	18	34,0	
Total	$TG^2/24 = 1955,96$	23		

A 5% F^5_{18} Lu = 2,77 (F calculé = 7,9 $\Rightarrow$ conclusion "Durée" très significative à 5%.
A 1% F^5_{18} Lu = 6,81 (F calculé = 7,9 $\Rightarrow$ conclusion "Durée " significative à 1%.

L'analyse de la variance montre des différences significatives des effectifs de germination (**Tableaux 18 et 19**) entre les temps d'immersion pour un risque inférieur à 1 pour mille. Du fait que les moyennes dans l'ensemble diffèrent significativement, il devient nécessaire d'examiner leur comparaison une à une.

Les différences significatives obtenues pour le nombre de degrés de liberté (qui correspond à S^2, soit 18), font apparaître, d'après le **tableau 20**, que du point de vue individuel, la durée 20 mn se singularise avec les résultats de germination significativement meilleurs que les autres durées sauf celles de 40 minutes.

La durée de 10 mn donne l'effectif de germination significativement le plus faible par rapport à toutes les autres durées.

On peut admettre que les durées de 15, 25, 30 et 40 mn donnent des résultats moyens comparables mais significativement supérieurs à ceux obtenus pour une durée de 10 mn et une certaine liaison avec la moyenne de 20 mn.

Tableau 20 : Recherche des différences et des significations.						
Durées (mn)	10	15	20	25	30	40
10	-	S	S	S	S	S
15	12,50	-	S	NS	NS	NS
20	24,75	12,25	-	S	S	NS
25	15,75	3,25	9,00	-	NS	NS
30	15,50	3,00	9,25	0,25	-	NS
40	18,25	5,75	6,50	2,50	2,75	-

S : Significatif au seuil $\alpha = 5\%$ NS : Non significatif au seuil $\alpha = 5\%$

B. Effet de l'acide gibbérellique sur la germination des graines

Le **tableau 21** indique une nette variabilité entre les durées et les concentrations. On cherche, par l'analyse de la variance, lequel des deux facteurs " concentration " ou " durée " favorise les germinations et si les concentrations à différentes périodes d'immersion donnent en moyenne les mêmes résultats ou s'il existe au contraire des différences.

Tableau 21 : Nombre de graines germées, obtenues par traitement dans 9 différentes concentrations gibbérelliques à 7 durées différentes de trempage.

Solution(ppm) / Durée	50	100	200	300	400	500	600	800	1000	Moyenne générale
15 minutes	0	0	5	9	10	10	9	4	4	
30 minutes	0	6	10	10	50	160	9	4	6	
1 heure	2	9	13	12	86	120	32	89	89	
2 heures	2	6	5	10	150	30	8	136	50	
4 heures	4	9	6	140	172	32	11	132	62	
24 heures	6	10	16	120	172	5	13	200	40	
48 heures	0	2	7	100	50	10	12	42	40	
Moyenne	2,00	6,00	8,86	57,30	98,57	52,43	13,43	56,71	41,57	40,76

Cependant, pour ne pas omettre de prendre en considération une certaine correspondance entre les données, soit des diverses concentrations, soit des diverses périodes, nous avons préféré utiliser pour la comparaison des séries, le test de l'analyse correcte prenant en compte les deux facteurs

Tableau 22 : Test de signification de l'interaction : application de l'hormone et durée de trempage sur la germination des graines.

Origine	SCE	DDL	V	F
Entre durées de trempage dans la solution gibbérellique	24218,5	6	4036,6	2,2
Entre concentrations gibbérelliques	72374,9	8	9046,9	5,0
Résiduelle (par différence)	85364	48	1778,4	
Total	181957,4	62		

- A 5% F^6_{48} lu =2,3 > F calculé = 2,2 $\Rightarrow$ conclusion : facteur "durée " non significatif à 5%.
- A 5% F^6_{48} lu =2,1 < F calculé = 5,0 $\Rightarrow$ conclusion : facteur "concentration " significatif à 5%.

L'analyse fait ressortir des différences significatives entre les concentrations mais on ne décèle pas de facteur " durée ". La période de trempage dans la solution gibbérellique ne semble pas avoir d'effet significativement différent. Pour expliquer les résultats enregistrés, on tente des comparaisons par deux à l'aide du test "t ". On montre que la variance à utiliser est la variance résiduelle du **tableau 22**. Le seuil donné par la table " t " de Fisher et Yates pour ddl tend vers l'infini, qui au risque $\alpha = 5\%$, est $t = 1,960$.

On constate alors dans ces conditions, d'après l'examen des résultats dressés au **tableau 23**, que les données peuvent être groupées en séries de concentrations entre lesquelles il n'existe pas de différences significatives.

Série I : la concentration 400 ppm se singularise par les significations les plus élevées et donne le plus fort effectif de germinations.

Série II : les concentrations (300ppm, 500ppm et 800ppm) sont équivalentes et donnent un effectif de germinations moyen.

Série III : (600 ppm et 1000 ppm) est une série qui présente des différences significatives avec la concentration et n'en présente pas par rapport à (50 ppm, 100 ppm et 200 ppm). Elle donne un faible effectif de germinations.

Série IV : elle regroupe les concentrations (50, 100 et 200 ppm). Celles-ci sont équivalentes et se distinguent par des germinations très faibles.

Tableau 23 : Recherche des différences et des significations.									
Concentration	50	100	200	300	400	500	600	800	1000
50	-	NS	NS	S	S	S	NS	S	NS
100	4,00	-	NS	S	S	S	NS	S	NS
200	6,86	2,86	-	S	NS	NS	NS	S	NS
300	55,30	51,30	48,44	-	NS	NS	NS	NS	NS
400	96,57	92,57	89,71	41,27	-	S	S	NS	S
500	50,43	46,43	43,57	4,87	46,14	-	NS	NS	NS
600	11,43	7,43	4,57	43,87	85,14	39,00	-	S	NS
800	84,71	80,71	77,85	29,41	11,86	34,28	73,28	-	S
1000	39,57	35,57	32,71	15,73	57,00	10,86	28,14	45,14	-

S = signification au seuil $\alpha = 5\%$ NS= non significatif au seuil $\alpha = 5\%$

C. Effet du traitement mixte sur la germination des graines

Il n'existe pas de différences significatives. Les six concentrations sont équivalentes et on peut admettre qu'elles donnent un résultat comparable après un traitement préalable à l'acide sulfurique (**tableaux 24 et 25**).

Tableau 24 : Dénombrement des graines germées sous l'effet d'un traitement mixte à l'acide gibbérellique, après traitement à l'acide sulfurique durant 20 mn.

Concentration gibbérellique	50	100	200	300	400	800	Total	Moyenne
Nombre de germinations par répétition	62	70	57	49	75	70		
	88	55	59	61	71	32		
	52	69	72	37	87	50		
	75	111	93	50	58	56		
Total	277	305	281	197	291	208	1559	
Moyenne	69,25	76,25	70,25	49,25	72,75	52,00	389,75	64,96

Tableau 25 : Test de signification de l'interaction : application d'hormone et durée de trempage de l'acide sulfurique sur la germination des graines à $\alpha = 5\%$.

Origine	SCE	DDL	V	F
-Entre Concentrations gibbérelliques	2597,2	5	519,44	1,96
-Résiduelle	4769,7	18	265,00	
Total	7367	23		
A 5% F^5_{18} lu = 2,77 > F calculé = 1,96				
Conclusion : "concentration" non significative à 5%				

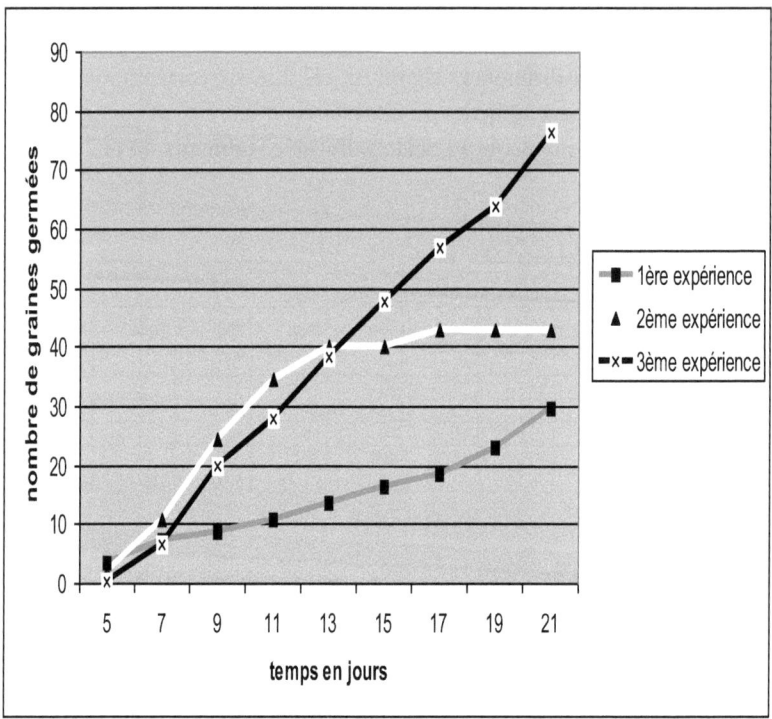

Fig. 42. Germination des graines de Câprier :
■ - trempées durant 20 mn dans l'acide sulfurique.
▲ - dans la solution contenant 400 ppm de Gibbérellines.
x - traitées à 20 mn dans l'acide sulfurique et ensuite trempées dans des Gibbérellines à 100 ppm.

3.4. DISCUSSION ET CONCLUSION

L'obtention des germinations par l'emploi de traitements chimiques, à l'acide sulfurique et à l'acide gibbérellique, des graines de Câprier non germables à l'origine a permis de déterminer la stratégie germinative à adopter en essayant de mettre particulièrement l'accent sur le problème de dormance rencontré par la semence.

Nous avons d'abord montré, par les tests de Tetrazolium que 87% des graines sont viables et donc capables de germer. Mais placée dans des conditions favorables de germination, la semence intacte ne germe pas. On parle communément de dormance (**Lang et al., 1987**).

Nos résultats montrent que les graines manifestent une dormance due à des facteurs résidant en partie dans les structures séminales et en partie dans l'embryon. En effet, étant donné les résultats obtenus par les traitements uniques, l'hypothèse d'une inhibition tégumentaire et d'une dormance embryonnaire est tout à fait plausible. Il s'agit principalement de deux types d'obstacles. Ces indications sont en bon accord avec celles formulées par **Orphanos (1983)** qui rapportent que 40% de germinations par l'acide sulfurique et 80% par traitements mixtes sont obtenues.

En effet, l'élimination partielle du tégument par l'immersion dans l'acide sulfurique correspond à une diminution de l'action inhibitrice provenant de l'invagination épaisse du tégument empêchant la percée radiculaire (**figure 37-P 10**). L'enveloppe dure joue le rôle de barrière à l'oxygène ou à l'eau. Sa suppression par l'acide sulfurique durant 20 mn entraîne alors 30% de graines germées pendant 21 jours d'incubation (**figure 42**). Notons, ici, que les traitements prolongés, notamment la durée de 40 mn qui cause des détériorations de l'embryon, risquent d'altérer la capacité germinative. Quant à l'acide gibbérellique, facteur de la levée de dormance embryonnaire, il stimule la germination jusqu'à 43%. Pour les trois expériences, les germinations sont groupées avec un début de plateau au-delà de 21 jours. En somme, on retient que la disparition tégumentaire associée à l'usage d'un traitement stimulateur conduit à la levée de dormance. Cette association induit donc une modification dans les tests de germination qui donnent de meilleurs résultats – à la différence de ceux provoqués par un traitement unique.

Un fait essentiel se dégage cependant ; c'est la présence de gibbérellines dans l'embryon (**Mazliak, 1982 ; Hopkins, 2003**), qui n'a, ici, un effet même insuffisant sur les germinations que si la graine a subi un traitement à l'acide sulfurique ; ceci peut expliquer les 30% de germination. L'apport des gibbérellines augmente la levée conduisant à un taux de 76%. L'embryon paraît alors être directement impliqué dans ce cas.

Par ailleurs, dans ce type de dormance, il est indispensable de pouvoir faire la part revenant à la morphologie complexe de la graine. Pour Thévenot (**in Mazliak, 1982**), certains organes de l'embryon sont le siège de la dormance. Il est difficile d'expliquer les rapports qui s'y établissent lors du phénomène de la germination, sinon qu'un jeu d'équilibre hormonal a certainement lieu pour la provoquer.

Il faut donc rechercher par une analyse des tissus vivants comment intervient pratiquement l'embryon dans la dormance. Cette dernière serait peut être un cas particulier de phénomènes corrélatifs entre les divers organes constitutifs de la graine. L'analyse de ces mécanismes est difficile à aborder, comme dans de nombreux cas, et c'est tout le problème de la recherche de l'origine de la dormance (**Thévenot, 1985 ; Hilhorst et Karssen, 1992**).

L'emploi d'autres traitements ayant les mêmes effets peut quelquefois aider à résoudre ce problème. Ainsi, concernant les traitements de levée par les gibbérellines, on pense que les essais de stratification, qui donnent des résultats analogues (71% de levée) permettent aux graines de Câprier le ramollissement progressif du tégument mais surtout un enrichissement en gibbérellines (**Lewak in Mazliak, 1982**).

Nous proposons une autre hypothèse qui mérite désormais d'être vérifiée pour élucider ces difficultés de germination : la présence de flavonoïdes isolés dans la plante (**Çaliç et al., 2002 ; Giuffrida et al., 2002**), présents dans la graine, pourraient probablement en être responsables.

Selon (**Mazliak, 1982 ; Crosaz, 1995**) les téguments séminaux contiennent des polyphénols qui ont un effet inhibiteur empêchant la pénétration de l'oxygène. La présence de ces composés phénoliques diminue la quantité d'oxygène disponible pour l'embryon. En effet, ces composés qui se dissolvent dans l'eau d'imbibition se comportent comme un véritable piège à oxygène car ils s'oxydent en présence de ce gaz sous l'action de polyphénoloxydases.

Dans ce travail, nous avons montré qu'il est possible d'améliorer la germination des graines de Câprier (presque nulle en cultures classiques) par des traitements chimiques et dans quelles conditions il faut le faire.

Statistiquement, la durée d'immersion dans l'acide sulfurique susceptible de donner des résultats optimaux se situe autour de 20 mn.

La deuxième expérience montre que la durée de trempage dans la solution gibbérellique n'influe pas sur la germination, ce sont plutôt les concentrations qui semblent donner une signification notamment celle de 400 ppm.

Lors d'un traitement mixte, l'analyse de la variance indique que l'action des concentrations après une scarification préalable des semences est sans effet. Il faut souligner qu'on n'a pas détecté de différences significatives par effet de concentrations de gibbérellines.

Ceci suggère que 50, 800 ppm ou les intermédiaires interviennent avec le même effet. Le temps d'incubation est sans incidence comme le montre la deuxième expérience.

Le protocole expérimental adopté permet de résumer nos résultats par le schéma suivant (**figure 43**):

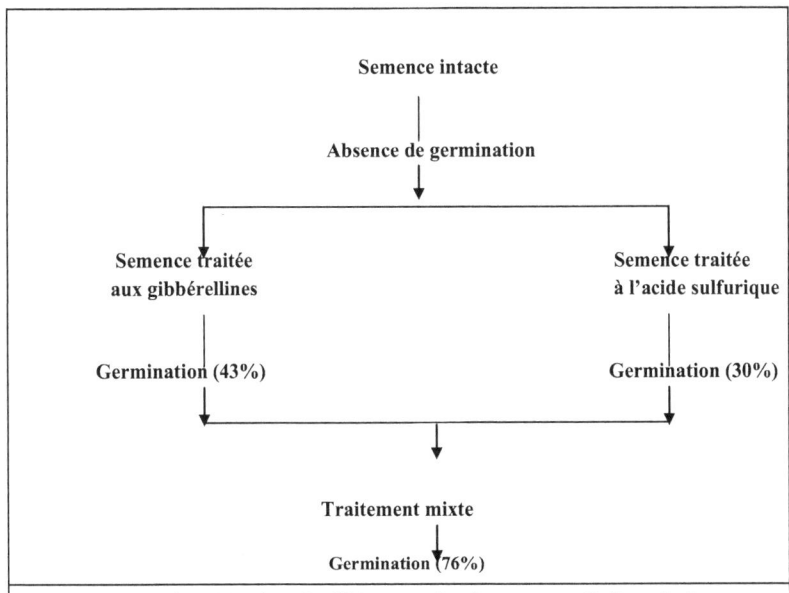

Fig. 43. Représentation schématique simplifié montrant les niveaux successifs d'organisation enchaînée des expériences et les variations de capacité germinative des graines de Câprier.

Par ailleurs, il est difficile de préciser sur le plan expérimental, les avantages que présentent ces procédés de traitement par rapport à la technique de stratification testée par **Benseghir (1993) et Olmez et *al.* (2006)**. Seul l'utilisateur peut choisir entre une germination convenable (en pouvoir et en vitesse) obtenue par les méthodes de laboratoire et une germination tardive obtenue usuellement par des activités nécessitant des étapes fastidieuses en pépinière.

CHAPITRE IV : L'ESSENTIEL SUR LA GEOLOCALISATION, L'ECOLOGIE ET LES UTILISATIONS DU CÂPRIER EN ALGERIE

RESUME

Le câprier est probablement la seule espèce arbustive capable d'offrir autant de qualités et d'usages : condiment en alimentation humaine, médecine traditionnelle, fourrage, protection contre l'érosion, adaptation à la sécheresse, plante mellifère et ornementale...

La population rurale algérienne a tissé des liens solides avec cette plante car elle offre surtout de nombreuses propriétés thérapeutiques. La réputation du Câprier en médecine populaire a orienté sans le vouloir l'enquête de terrain vers les voies de l'étude écologique et d'inventaire de la plante. Les indications médicales locales décrites lors des itinéraires énumèrent des propriétés nombreuses. Ces spécificités démontrent que le Câprier dans son aire, offre de nombreuses potentialités d'utilisation se rapportant à des milieux écologiquement différents. Le bilan géographique et écologique préliminaire de ces travaux décrit un schéma écologique qui pourrait avoir une implication dans les domaines de la thérapeutique.

Le secteur du Tell méridional est la zone biogéographique de prédilection du Câprier. C'est une espèce de moyenne et basse altitude.

Les données de sa localisation révèlent une constante : sa présence répétée dans les falaises, gorges et murs en retrait. Les expositions les plus fréquentes sont situées au sud. La plus forte concentration des peuplements de câprier se fait en général sur sols marneux et schisteux très fragiles.

Mots-clés : Câprier - Biogéographie – Ecodéveloppement - Phytothérapie - Spécificité d'utilisation et de localisation.

4.1. INTRODUCTION

Le câprier est l'une des rares espèces arbustives qui présente autant de qualités avec de nombreux usages. Plante spontanée, xérophyte et héliophile, elle est très répandue dans le bassin méditerranéen. Elle tolère les conditions climatiques contraignantes des zones arides et semi-arides ainsi que des températures extrêmes. Elle peut donc jouer un rôle écologique très utile dans ces régions pour la protection contre l'érosion. Mais le câprier est aussi cultivé. Il fournit un condiment recherché, la câpre, qui correspond au bouton floral de la plante. Il est utilisé également comme fourrage, plante mellifère et ornementale. Surtout, il possède des qualités médicinales importantes utilisées dans la médecine traditionnelle.

La culture de cette capparidacée remonte à l'antiquité **(Noailles, 1965)**. Ses boutons floraux, ses jeunes pousses et jeunes fruits tendres sont utilisés dans l'alimentation humaine **(Couplan, 1986)**.

Au Maroc, le câprier possède une importance économique indéniable. Il est cultivé dans les régions de Fès, Safi et Marrakech. Les câpres en conserve ou semi-conserve sont exportées vers l'Italie, l'Espagne et la France notamment. Le Maroc est le premier exportateur mondial de câpres. En revanche, en Algérie, le câprier n'est pas ou peu cultivé, mais la population rurale algérienne a tissé des liens solides avec cette plante, car elle présente de nombreuses propriétés thérapeutiques qui sont décrites minutieusement lors des enquêtes locales.

Les boutons floraux des câpriers contiennent de la rutine très utilisée dans l'insuffisance veineuse **(Dorvault, 1982)**. Le bilan géographique et écologique préliminaire des travaux effectués décrit un schéma écologique qui pourrait avoir une implication dans les domaines de la thérapeutique.

4.2. SITUATION GEOGRAPHIQUE DU CAPRIER (EPINEUX ET INERME) EN ALGERIE

4.2.1. Répartition des localités prospectées

En Algérie, le câprier couvre de vastes surfaces mais de manière éparse **(tableau 26, figure 44)**. Il a été redécouvert depuis peu par les forestiers qui ont alors engagé l'étude de son développement. Celui-ci pourrait, il est vrai, être planté dans les espaces inaptes à l'agriculture, pour la reconstitution végétale des zones où on ne saurait faire pousser des espèces délicates.

En effet, le câprier est doté d'un système racinaire très puissant qui mobilise des volumes importants de sous-sol. Cette caractéristique lui confère une forte tolérance à la sécheresse. Il a donc la particularité de se développer sur les sols les plus ingrats et sur de fortes pentes, d'où son intérêt écologique contre l'érosion dans les zones arides et semi-arides. Il est signalé dans les stations les plus xérophiles **(Kadik, 1986; Maire, 1965; Ozenda, 1983)**.

On a observé, lors de la campagne de terrain, que deux câpriers phénotypiquement différents peuvent être présents ensemble sur une même station, sans facteur de variation écologique. Des variétés moins épineuses intermédiaires à la variété *inermis* sont présentes, dont certaines semblent rarement donner des fruits.

4.2.2. Premiers résultats sur les principaux facteurs écologiques

Les expositions Sud et Sud-est, les sols marneux et schisteux très fragiles, les rochers calcaires concentrent les plus importants peuplements de câpriers. Mais, ils sont également présents sur les pentes argileuses, les terres légères, graveleuses et les sols sablonneux secs. Le pH courant est de 7,5 à 8. Les tiges, les feuilles et les fruits sont teintés de rouge sur les sols schisteux, couleurs probablement liées aux anthocyanes.

L'absence de matière organique est observée dans 75% des relevés. Le câprier s'accommode donc bien des sols les plus mauvais. D'un point de vue climatique, on le rencontre souvent dans les secteurs semi-arides et en second lieu dans le subhumide. Son cycle végétatif et son développement floral exigent un climat sec et chaud **(Gorini, 1981)**.

Les espèces végétales accompagnatrices les plus fréquentes dans les relevés sont le jujubier sauvage, l'olivier, le pistachier lentisque et quelques fois le pin d'Alep. On remarque surtout qu'il y a une constante écologique correspondant à un décor minéral toujours ensoleillé : gorges, falaises, pentes rocailleuses, éboulis, ravins et vieux murs de pierres en zones urbaines.

Tableau 26 : Récapitulatif des enquêtes de terrain algéro-tunisien.

wilaya	Localités	Biogéo-graphique*	Bioclimats	Topographie (figure 45)	Ecotype (épineux -inerme)	Utilisations principales
Mostaganem	La Macta	MO	Semi aride chaud	Berges	Epineux-	Non décrit
Relizane	Périmètre de La mina	MO	Semi aride chaud/doux	Versants	Echantillon altéré	Non décrit
Alger	Raïs Hamidou	MA	Subhumide chaud	Versants	épineux	Consommation de câpres (a)
Bejaia	Falaises Cap Carbon, Gorges de Kherrata, Ighhil Ali à Akbou, Barbacha à Oued Amizour	MN MT	Subhumide chaud/frais	Falaises, Gorges, Falaises	Epineux / inerme	Graines –asthme Racines- rhumatisme Consommation de câpres
Annaba	Jardin en zone urbaine (quelques pieds)	MN	Subhumide chaud	Vieux murs	inerme	Consommation de câpres

* **MO** : Domaine maurétanien méditerranéen : secteur oranais
   MA : Domaine maurétanien méditerranéen : secteur algérois
   MN : Domaine maurétanien méditerranéen : secteur numidien
   MT : Domaine maurétanien méditerranéen : secteur tell méridional (zone potentielle du Câprier)
   (a) En Espagne, des flavonoïdes ont été extraits des câpres (**Tomas, Ferreres, 1976**)

Tableau 26 (Suite):

wilaya	Localités	Biogéo-graphie*	Bioclimats	Topographie (figure 45)	Ecotype (épineux-inerme)	Utilisations principales
Sétif	Ain el kebira, Maouia à Beni Azziz, Béni Oussine et hammam el Guergour à Bougaa, Tizi N'bechar, Amoucha, Oued Sebt à Béni Ourtilane, cité antique de Djemila	MT	Subhumide frais Semi aride chaud/frais	Berges, Talus, versants	épineux	Graines – asthme Racines -rhumatisme Baies -diverses Consommation de câpres Miel de Câprier (b)
Mila	Ferdjioua, Fedj Mzala, Radjas, Rouached, Djimla	MT	Subhumide frais	Versants, berges, talus, vieux murs	Epineux	Graines – asthme Racines -rhumatisme Baies - diverses Feuilles- digestion
Constantine	Zone urbaine : Les abattoirs, murs à Bellevue (quelques pieds)	MT	Subhumide frais	Vieux murs, talus	épineux	Divers soins Consommation de câpres

* **MT** : Domaine maurétanien méditerranéen : secteur tell méridional
(b) Le miel est des plus appréciés (**Biri, 1986**).

Tableau 26 (Suite)

wilaya	Localités	Biogéo-graphie*	Bioclimats	Topographie (figure 45)	Ecotype (épineux -inerme)	Utilisations principales
Skikda	Autour du barrage Beni Haroun)	MT	Subhumide frais/chaud	Versants	épineux	Divers soins Consommation de câpres
Jijel	Autour du barrage Beni Haroun	MT	Subhumide frais/chaud	Versants	épineux	Divers soins
Tizi ouzou	Ain El Hammam, Takhoukht	MT	Subhumide doux	Versants	épineux	Consommation de câpres
Bouira	Gorges de Palestro, Souk Lethnin	MT	Semi aride frais	Berges, talus	épineux	Consommation de câpres
Blida	Hammam Righa	MT	Subhumide frais	Talus	épineux	Non décrit
Bordj Bou Arreridj	El Mhir, Chertioua à Zemmoura, Abou Charef	SC MT	Semi aride chaud/frais	Versants, berges, talus, oueds caillouteux	épineux	Baies – Feuilles$_{(e)}$ - digestion Consommation de câpres Miel de câprier

* **MT** : Domaine mauritanien méditerranéen : secteur tell méridional
  SC : Secteur des hauts plateaux constantinois
  (e) Des travaux récents notent la présence de routine dans les feuilles de la variété aegyptia (**Seridi et al., 2004**).

Tableau 26 (Suite)

wilaya	Localités	Biogéo-graphie*	Bioclimats	Topographie (figure 45)	Ecotype (épineux -inerme)	Utilisations principales
Biskra	El Kantara, Ain Zaatout	SSC	Semi aride frais/ saharien doux	Gorges, versants, sols rocheux	échantillons altérés	Feuilles et tiges - digestion et céphalées Consommation de feuilles
Khenchella	Ain Cherchar	SSC	Semi aride frais	Berges	inerme	Non décrit
Tebessa	Djebel el ma el Abiod, Djebel Darmoun	SSC	Semi aride frais	Berges, versants	inerme	Divers soins
Ghardaia	Gorges de Metlili	RS	Saharien doux	Gorges	échantillons altérés	Divers soins Consommation de baies (d)
Touggourt	localité non précisée	RS	Saharien doux	Rochers humides	échantillon altéré	Tous les organes - Divers soins(e)

SSC : Secteur saharien constantinois
RS : Région saharienne

(d) Au Sahara, les baies immatures sont cuisinées **(Ozenda, 1983)**.
(e) La plante contient un hétéroside sulfuré libérant par hydrolyse une huile essentielle **(Couplan, 1986)**. Des cellules à myrosine sont présentes dans les parenchymes de Capparis **(Crete, 1965)**. Les graines, écrasées dans un liquide chaud, sont utilisées en gargarismes dans le mal des dents. A quelques menus détails, le mode d'utilisation médicinale est le même dans toute l'Afrique **(Maire et Monod, 1950)**.

Tableau 26 (Suite)

Gouvernorat	Localités	Biogéo-graphie*	Bioclimats	Topographie (figure 45)	Ecotype (épineux -inerme)	Utilisations principales
Djendouba	Tabarka	MN	Subhumide chaud	Murs antiques	Echantillon altéré	Non décrit
Nabeul	Houaria	SSC	Semi aride frais/ saharien doux	Cap Bon	Echantillon altéré	Non décrit
Tozeur	Midès - Tamerza	RS	Saharien doux	Gorges(f)	Inerme	Non décrit

* **MN** : Domaine mauretanien méditerranéen : secteur numidien
SSC : Secteur saharien constantinois
RS : Région saharienne
(f) Sa présence est aussi signalée ailleurs, en particulier dans l'Oued Mellaza à Djebel Mansour (Biotopes assez divers) (**Boudouresque, 1978**).

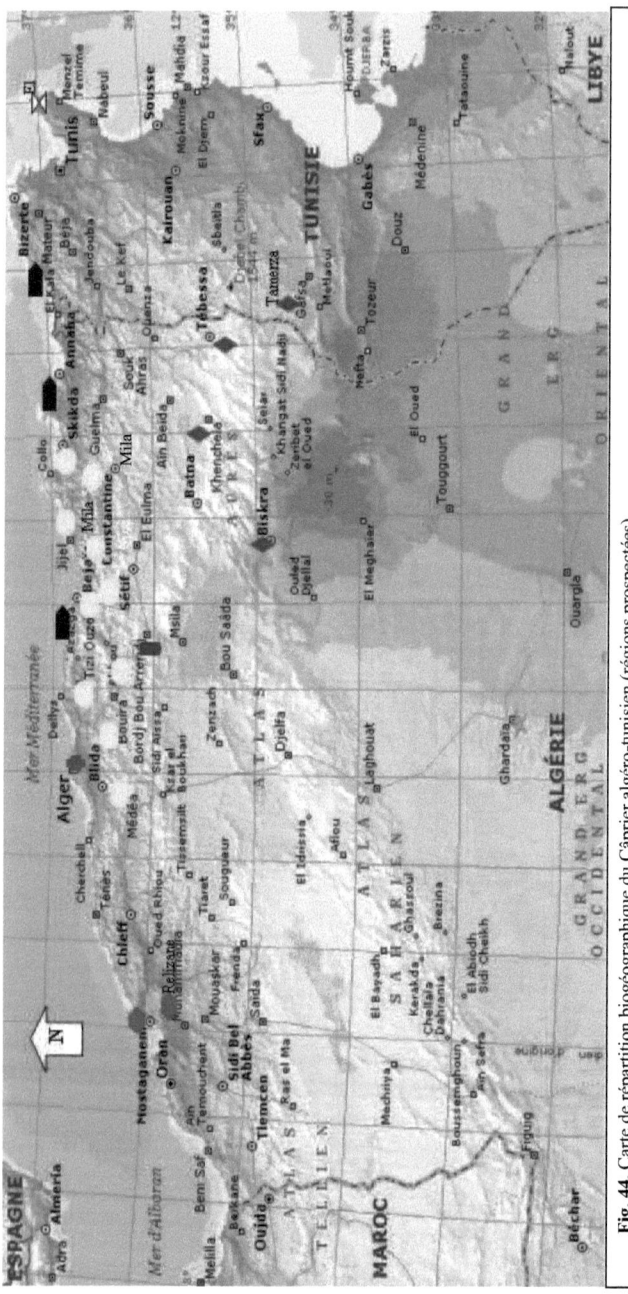

Fig. 44. Carte de répartition biogéographique du Câprier algéro-tunisien (régions prospectées).
  Secteur Tell méridional **(MT)** ;   Secteur Oranais **(MO)**;   Secteur Algérois **(MA)**;   Secteur Numidien **(MN)** ;
  Secteur des Hauts Plateaux **(SC)** ;   Secteur Sub - Saharien **(SSC)** ;   Région Saharienne **(RS)** ;
  Secteur Nord-est Tunisien **(Cap Bon)**.1/5 000 000 **(D'après Encarta, 2007 modifiée).**

Topographie stationnelle longitudinale

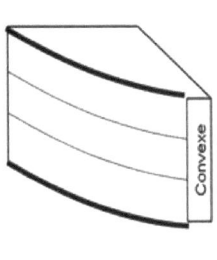
Concave

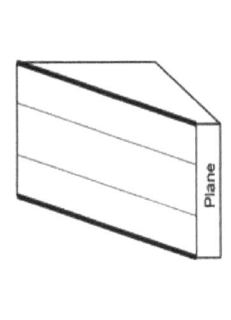
Plane

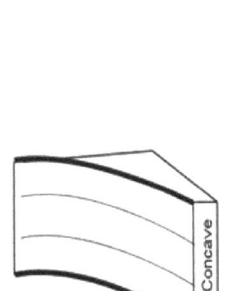
Convexe

Topographie stationnelle transversale

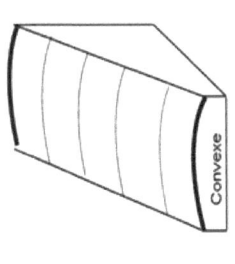
Concave

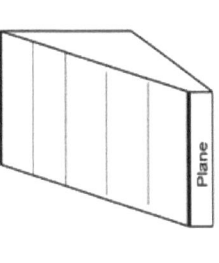
Plane

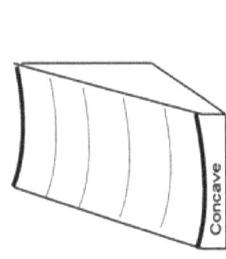
Convexe

Fig. 45. Types de topographie stationnelle essentiellement rencontrés dans les sites étudiés. Craignant les sols saturés et les stagnations d'eau, le Câprier s'installe dans les stations à microtopographie représentant les éventuels départs d'eau et les sens de son écoulement.

En effet, les baies, très appréciées des oiseaux **(Maire et Monod, 1950)**, expliquent la forte relation entretenue avec l'habitat des oiseaux **(figure 47-P1,P2,P3)**. Des stocks de graines enrobées de matières fécales ont été trouvés, en bas de falaises, dans les gorges de Palestro et de Midès. Par ailleurs, les oiseaux semblent être les disséminateurs potentiels de la graine, ce qui entraîne une dispersion de son extension. En effet, on pense que le passage des graines par le suc gastrique des oiseaux facilite la régénération naturelle. Cette observation rejoindrait l'hypothèse confirmée par les travaux relatifs à l'effet positif de l'acide sulfurique sur la dormance des graines de câprier.

Le secteur du Tell méridional, dans le domaine maurétanien méditerranéen, est la zone biogéographique de prédilection du câprier **(tableau 26)**. C'est une espèce de moyenne et basse altitude. Les adaptations remarquables du câprier **(figures 46, 48, 49, 50 et 51)**, face aux effets de l'érosion combinés à ceux de la chaleur et de la xéricité du climat, peuvent lui conférer une certaine importance dans des régions climatiques et édaphiques où d'autres espèces semblent ne pas s'adapter.

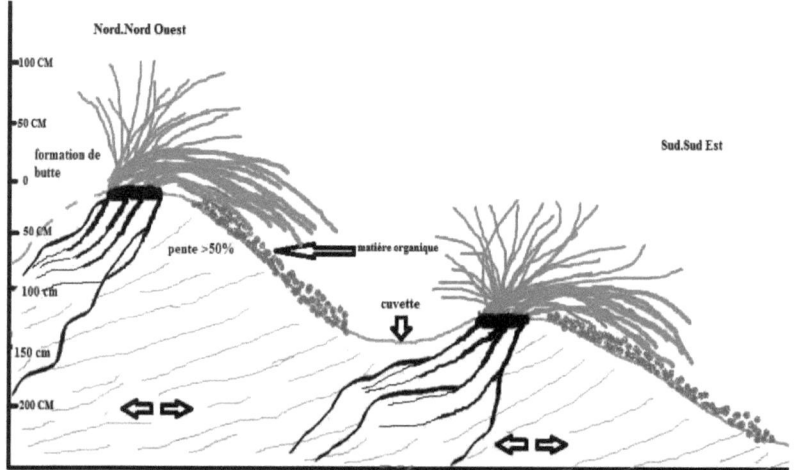

Fig. 46. Profil schématique simplifié. Adapté par nos soins. Apparence du Câprier exposant la partie aérienne au soleil (rameaux ascendants, pendants ou rampants). On notera l'enracinement s'enfonçant profondément en direction contraire. On décrit une quantité intéressante de matière organique produite par la chute des feuilles.

4.3. UTILISATIONS EN MEDECINE TRADITIONNELLE

4.3.1. Valeurs alimentaire et pharmaceutique du câprier

Récemment, l'effet bénéfique des câpres en tant que plante condimentaire a été confirmé par des travaux de chimie alimentaire (**Rivera et *al.*, 2003; Romeo et *al.*, 2007**) et sur cet aspect on peut trouver plus de détails dans le **chapitre I**.

L'efficacité thérapeutique des organes de la plante, s'inspirant des références d'ethnobotanique, semble donner des résultats pour des traitements anticancéreux et anti-inflammatoires naturels.
De nombreux scientifiques de phytopharmacie mènent activement à l'heure actuelle des recherches sur la molécule de la plante.

Dans plusieurs pays, ce regain d'intérêts alimentaire et médicinal pour le câprier ainsi que pour la câpre est exprimé, dans de nombreux travaux: **Ahmed et *al.*, (1972), Yaniv et *al.*, (1987), Afsharypuor et *al.*, *(1998*), Gadgoli et Mishra (1999), Çaliş et *al.*, (1999 et 2002), Sharef et *al.*, (2000), Bonina et *al.*, (2002), Khanfar et *al.*, (2003), Wu et *al.*,(2003), Eddouks et *al.*, (2004-2005), Fallah Husein et *al.*, (2005), Trombetta et *al.*,(2005)**.

Fig. 47. Nombreux Câpriers dans les vallées encaissées - Chemin de Wilaya N° 106, Sebseb vers Ghardaia par Metlili - exposition Sud.

P_1 : De part et d'autre, en bordure de route et tout le long où rien ne pousse, le Câprier trouve refuge sur les talus rocailleux et dans les interstices du sol.

P_2 : *Capparis Leucophylla* D.C. : baie avec traces de bec d'oiseau.

P_3 : L'endémique **traquet** à tête blanche (*Oenanthe leucopyga*, Brehm, CL, 1855)
Oiseau de roche, nichant au voisinage des Câpriers convoitant la pulpe des baies ou les proies dans la forme buissonneuse de l'arbuste.

Fig. 48. Paroi rocheuse édifiée par l'érosion dans la vaste étendue pierreuse et calcaire de Metlili Chaamba (Ghardaïa) atteignant près de 500 m d'altitude. Remarquer l'absence totale de traces de sol où ici et là apparait isolé Capparis spinosa (des plants jeunes et adultes jusqu'à la butte), l'escarpement abrite quelques rares espèces du groupement rupicole.

Fig. 49. Matière organique prélevée dans les infructuosités inter-rocailleuse – sol partiellement reconstitué (feuilles et tiges fraiches et en voie de décomposition).

Fig. 50. Feuilles, tiges épineuses, boutons floraux et fruits de *Capparis Leucophylla* D.C. non caduc en hiver, source de matière organique.
(Chebka du M'Zab – Janvier 2012)

Clichés : Benseghir L.A. et Benseghir K.-2012

Fig. 51. Détails des adaptations du Câprier : côte à côte deux arbustes à l'état caduc empêchant le départ du sol superficiel formé sous ses rameaux pendants et supportant la butte formée en haut. Au premier plan, sentier de troupeaux perpendiculaire au sens de ruissellement des eaux, très bien protégé, ensuite on reconnaît sur la butte édifiée par des apports de sol un plant d' *Ampelodesmos mauritanicus* (Béni Aziz – Sétif).
Clichés : Benseghir L.A. et Benseghir K.-2012

4.3.2. Relations entre écologie et propriétés thérapeutiques du Câprier

On pense que si la phytothérapie a le souci de fournir des produits de qualité, selon des méthodes sûres concernant les principes actifs et provenant de sites de prélèvement appropriés, la récolte officielle du matériel biologique du câprier ne devrait pas se pratiquer à n'importe quel moment, n'importe où et sur n'importe quelle variété.

En général, une plante élabore des essences différentes en fonction des paramètres écologiques définis : sol, climat, altitude, exposition, latitude... On peut citer l'exemple de l'écorce des racines de câprier connue pour soigner les rhumatismes (région de Sétif). Il existerait probablement des qualités thérapeutiques basées botaniquement et biochimiquement sur des paramètres de sol. La substance contenue dans les racines permettrait leur enfouissement exceptionnel dans les rochers **(figure 52 et 53)**. Ces observations sont difficiles à interpréter sans analyse. La thérapie populaire livre donc aux scientifiques des données à éclaircir.

4.3.3. Possibilités d'utilisation et limites scientifiques modernes

Des quantités énormes de rameaux feuillés et de baies sont prélevées et fournies aux herboristes. De surcroît, les femmes, les enfants et les personnes âgées, sans cultiver la plante, ramassent en abondance les câpres (Nord de Sétif, Nord de Bordj Bou Arreridj, Mila) qui sont acheminées vers Bejaia pour être traitées et exportées. Sur l'ensemble des stations étudiées en Algérie, comportant des plantations spontanées, uniquement trois font l'objet de cueillette de câpres destinées à l'exportation, mais sans filière définie. En revanche, dans la quasi-totalité des sites, la population rurale utilise cette ressource pour se nourrir et se soigner. Le rôle socio-économique du câprier est donc important.

Fig. 52. Enracinement colonisant généralement 9 à 10 m³ de substrat, ici rocailleux. Metlili-Chamba-Ghardaïa.

Cliché: Benseghir, L.- Benseghir, K. (2012)

Fig. 53. Jeune plant dont la racine croît en s'enfonçant dans le rocher. Midès-Tunisie.
Cliché : Benseghir- Gauquelin (2004).

4.4. CONCLUSION

On assiste à une prise de conscience du rôle du câprier dans le développement durable des territoires ruraux d'Afrique du Nord et de l'Algérie en particulier. Ses fonctions écologiques, médicinales et socio-économiques doivent être intégrées dans les programmes actuels du développement rural durable.

Pour cela, la recherche de l'âge des sujets est indispensable pour l'analyse de la régénération naturelle du câprier. Son type biologique étant chaméphyte, il n'est pas aisé d'estimer l'âge de la souche d'autant plus qu'il s'agit de plantes sauvages. L'âge le plus élevé, retenu arbitrairement, est de 30 ans. La tranche d'âge la plus représentée dans nos relevés est de 10 - 30 ans avec une hauteur des rameaux atteignant 1,50 m. Elle est de 5 - 10 ans pour seulement 6 stations. Les arbustes de moins de 5 ans sont rares sur les pentes faibles, en raison d'un excès de pâturage sur les terrains accessibles aux animaux qui éliminent les jeunes pousses. La présence de troupeaux de chèvres est fréquente sur les lieux des relevés. En revanche, les jeunes arbustes sont nombreux sur les rochers, en hauteur. Les zones à câpriers correspondent à des espaces de parcours très dégradés. Leur mise en valeur par des plantations résoudrait, entre autres, les problèmes pastoraux de ces régions, surtout pendant la période estivale.

La présence naturelle du câprier génère une économie de cueillette. La mise en valeur de ce potentiel passe par la création d'un véritable terroir, c'est-à-dire d'une mise en culture du câprier avec une gouvernance susceptible d'entraîner un développement territorial durable.

CONCLUSION GENERALE

Au terme de ce travail, nous estimons avoir peut-être fait progresser les connaissances du Câprier algérien. Il nous semble intéressant de rappeler succinctement quelques points consacrés à son étude et de formuler l'essentiel des résultats dans les conclusions sous une forme synthétique.

Pour les exprimer, nous avons adopté simultanément deux types de démarches avec deux philosophies distinctes mais corrélées et plus ou moins complémentaires concernant l'accès aux mentions de synthèse; chacune d'elles par un biais différent offre les précisions attendues ayant donné satisfaction quant aux deux approches engagées au début. A tous les niveaux, toutes deux engagées par palier, ont mis en relief l'importance du Câprier.

Propagation du câprier

Il faut savoir que les deux procédés relatifs à la multiplication de la plante par voie de graines sont dépendants l'un de l'autre :
- les techniques expérimentales de stratification des graines dormantes;
- les méthodes de laboratoire sur les germinations obtenues par des traitements chimiques des graines complétées par des commentaires déductifs sur leur dormance.

Tout d'abord, signalons qu'au même titre, les travaux menés sans cesse avec d'autres méthodes (**Benseghir et Séridi, 2005$_c$, 2007 ; Bahrani et *al.*, 2008 ; Suleiman et *al.*, 2009 ; Pascual-Seva et *al.*, 2011; Farhoudi et Taftp, 2011; Mohammad et *al*., 2012 ; Arefi et *al.*, 2012**) indiquent que l'importance de la reproduction du Câprier par graines est un sujet qui intéresse nombreux de la communauté scientifique internationale.

Dans notre cas, montrer comment et en quoi les méthodes de traitements chimiques et /ou de stratification peuvent intervenir dans la réalisation de la reproduction du câprier par graines a permis l'obtention des résultats suivants :

La stratification dans un substrat sableux humide maintenu à une température comprise entre 15 et 20°C pendant des durées variables (15, 30, 45, 60, 75, 90, ou 105 j), favorise dans de très larges proportions la germination des semences. Une durée de 75 j de stratification a permis une germination de 68 % à température constante (25+ 1°C) en étuve et 75% à températures printanières variables à claire voie.

Par ailleurs, l'immersion des graines dormantes dans l'acide sulfurique concentré pendant 20 min a permis une germination de 30%. Leur trempage dans une solution gibbérellique à 40 ppm pendant 4- 24 heures donne 43% de germination. Si les graines sont trempées dans 50-100-200-300-400-ou 800 ppm de gibbérellines, après une scarification à l'acide sulfurique, elles germeront à 49-76%.

Ces méthodes étayées par l'étude de la viabilité de la semence et de son organisation montrent que l'hypothèse d'une inhibition tégumentaire et d'une dormance embryonnaire est tout à fait plausible. Cette phase d'étude conduite dans les chapitres a montré la nécessité d'injecter des facteurs étrangers pour provoquer la germination des graines ce qui laisse noter que le câprier est incontestablement xénobiotique.

Cette approche est utilisable dans la mesure où il n'existe pas de techniques appliquées jusqu'à ce jour, sur la reproduction du matériel végétal du câprier algérien. Soit par l'une ou l'autre des méthodes, les utilisateurs des résultats peuvent disposer d'informations précises. Ils choisiront la méthode qui leur conviendra, en termes d'avantages liés au pouvoir et vitesse de germination, des moyens disponibles et des coûts prévus.

Par ailleurs, il convient de préciser que la mise en évidence, des facteurs biogéographiques et écologiques les plus influents sur le développement naturel du Câprier, reste un point de vue pratique des plus essentiels pour lever toute ambiguïté sur les zones d'introduction de ce matériel végétal obtenu désormais dans les laboratoires de production de plants.

Toutefois, les remarques suivantes viennent compléter les déductions sur les germinations :
-L'habitat partagé avec les oiseaux ne laisse pas de doute sur les rapports très forts entretenus entre les deux. Le suc gastrique comme l'acide sulfurique faciliterait la régénération naturelle **(Benseghir, 1993, 2005$_b$,**

2005$_c$, 2007). Les remarques d'auteurs (**Maire et Monod, 1950**) le confirment. En assurant son extension, les oiseaux semblent, en effet, être dans ce cas les disséminateurs potentiels de la graine, ce qui entraîne une dispersion décrite aléatoire. Trois points l'indiquent : -faible densité des arbustes (germinations rares) - ordre de dispersion éparpillé de façon hétérogène et -leur présence fréquente dans les endroits en retrait préférés des volatiles (rochers, falaises et gorges), appuyée par les traces de matière fécale d'oiseaux enrobant les graines presque désagrégées, trouvées en bas de falaise dans certains sites.

Puis aussi, quand **Orphanos (1983)** attribue la destruction naturelle des téguments séminaux à l'action des microbes dans le sol pendant les mois d'hiver, **Barbera (1991)** lui, note que ce sont essentiellement les fourmis qui contribuent à la propagation spontanée du Câprier, bien qu'il ne soit pas certain que les insectes remplissent également la fonction utile dans sa germination. Pour ce cas précis, ce type de faune a été le plus aperçu dans notre terrain (fourmis dans les baies convoitant pulpe et approvisionnement graines pour enfouissement) et fourmilières nombreuses aux alentours proches. Aussi des lézards (toujours en position de fuite) au contact des racines dans les endroits rocailleux ont été brièvement suivis à côté des arbustes.

Durant toute la fructification de la plante (correspondant à la disette végétale estivale), les graines de Câprier occupent une place considérable dans l'alimentation des petits animaux. Le câprier abriterait probablement des associations animales dont on ne se doute même pas de leur présence, ni de leur influence d'équilibre dans les milieux négligés et sous-estimés.

Géolocalisation du Câprier en Algérie

La tentative de l'approche stationnelle montre qu'il était pour le moins difficile, voire impossible de prévoir une stratification en entités écologiquement homogènes. Toutefois, les régions principales ont été caractérisées sur le plan biogéographique et écologique à l'aide de quelques jeux de relevés, puis quelques analyses de sol effectuées quand ce dernier existe. L'analyse s'avérant délicate quant aux modalités toutes irrégulières en effectif, on ne peut que dégager des tendances. Les conclusions permettent de reconnaître plusieurs situations suffisamment différentes (récapitulées et illustrées dans le dernier chapitre).

- Altitude - Topographie

Dans le Tell constantinois et algérois, l'altitude va de 350 m à Radjas jusqu'à 1300 m à Zemourah pour les sites les plus caractéristiques (Sud de Bejaia et de Tizi-Ouzou, Nord de Sétif et de Bordj Bou Arreridj, Mila). Il descend en altitude dans d'autres sites. C'est une espèce qui parait présenter des possibilités productives (câpres de haute qualité alimentaire) surtout en moyenne altitude.

Au sud jusque dans la région saharienne, il monte en altitude (de 500m dans les gorges d'E- kantara jusqu'à 1100m à Babar - khenchella).

Il végète en général dans des positions topographiques très drainantes sur de fortes pentes : haut de versants, croupes, mamelons, crêtes (par opposition à cuvettes et vallons). C'est la constante principale la plus décrite. Les vieux murs des cité antiques sont colonisés par les arbustes de Câprier.

- Exposition

Il préfère les stations exposées au Sud et Sud-est dans les régions du Nord. C'est une deuxième constante qui correspond au facteur lumière : gorges côté ensoleillé, falaises, pentes rocailleuses, éboulis, ravins et vieux murs de pierres en zones urbaines tous côté ensoleillé de nombreuses heures dans la journée. Dans les régions du sud, à l'inverse les stations étudiées sont presque toutes exposées au Nord, nord-ouest et Ouest.

- Climat

Les précipitations atmosphériques sont comprises entre 58 mm pour le domaine saharien et 1204 mm pour le littoral constantinois. Au sein de cette tranche pluviométrique, on situe l'ensemble géographique de moyenne altitudinale variant entre 364 mm pour les hautes plaines de l'est et 972 mm correspondant à celle du littoral constantinois ; elle coïncide avec le territoire jugé potentiellement dominant de par la densité des populations naturelles de câprier. La moyenne annuelle des températures maximales varie entre 28,4 et 42,6°C ; celle minimale est comprise entre

0,4 et 9,8°C. Le bioclimat appartient au semi-aride et en second lieu au subhumide.

En pays méditerranéen, le câprier résiste aux fortes chaleurs en développant des adaptations particulièrement originales ; celles de raréfier ses stomates **(Paccalet, 1981)**. Dans les déserts égyptiens, les feuilles se recouvrent d'une couche de cire au début de la saison sèche (Encyclopédie de la pléiade « botanique »,1960).

Selon **Gorini (1981)**, le cycle végétatif et son développement floral exigent la sécheresse et la chaleur. Dans leurs travaux **(Kadik, 1986; Maire, 1965 et Ozenda, 1983)** ils le signalent dans les stations les plus xérophiles.

- **Sol**

Les sols marneux et schisteux très fragiles (remués ou en pentes très élevées) puis les sols très superficiels et drainés (de profondeur inférieure à 10 cm) à forte charge en cailloux (plus de 70%) sont fréquents. Les Câpriers sont également présents sur les pentes argileuses (surtout en petite Kabylie) où là souvent suspendus, ils jouent le rôle de fixateurs. Les terres légères, graveleuses et les sols sablonneux secs sont décrits. Mais dès que la roche affleure, son développement s'en ressent fortement. Le pH courant est de 7,5 à 8. L'absence de matière organique est observée dans 75% des relevés. L'enracinement fuit les stations humides et saturées en eau.

Il est présent dans les thalwegs en évitant les points les plus bas de celui-ci, souvent en position de suspendu et étalé ou rampant sur talus (les pieds franchement en haut, la tête en bas) en situation de « gabion » naturel comme le montrent les illustrations plus haut. Les sols trop rocheux (escarpements) ou carrément les rochers sans traces de sol, concentrent les plus importantes populations de câpriers. Il dispose d'un système racinaire ayant une particularité à pénétrer sans difficulté dans les supports rocailleux. Remarquons que la densité de pieds est nettement favorisée par la dénudation du sol. Cependant, il est indifférent à la nature minéralogique de la roche mère mais fréquent sur celle calcaire. Sa croissance n'est pas limitée par la présence de calcaire actif dans le sol, probablement grâce aux mychorizes dans les racines.

Son positionnement dans les sites côtiers laisse signifier que le Câprier manifeste aussi une certaine tolérance à la salinité; aspect qui mérite d'être étudié. **Wilson (2014)** note son endémique à Makhtesh Ramon dans le désert du Néguev sur un sédiment de sulfate avec des traces de roches hypersalines très difficiles pour les autres plantes de prendre racine ; cette espèce a des adaptations de valeur liée à la géochimie.

- **Morphologie :**
Selon qu'il se présente en forme dressée, rampante ou suspendue, la longueur des rameaux va jusqu'à 1,50 m. Le câprier est doté d'un système racinaire très puissant qui mobilise des volumes importants de sous-sol (jusqu'à environ 9 m^3 pour les vieux sujets). Il perce et colonise la rocaille.

Régénération –longévité des sujets : l'estimation de l'âge est difficile, mais en se basant sur les quelques introductions comme haie autour des maisons rurales, il semblerait que la tranche d'âge la plus représentée est de 10-30 ans avec une hauteur moyenne des rameaux de 1,50 m. Les jeunes câpriers et les jeunes pousses (à épines non encore lignifiées) sur des terrains accessibles sont énormément pâturées en été.

- **Espèces de Capparis :**
Elles sont épineuses, inermes ou intermédiaires (sous espèce ou variété) avec des adaptations spécifiques en fonction de la variation des habitats. Le genre *Capparis* est en pleine évolution puisque les hybridations y multiplient les types intermédiaires ; des mutations spontanées apparaissent peut-être ; l'isolement écologique crée des écotypes. L'observation de terrain montre une particularité : les mêmes fruits varient de formes et de couleurs d'une station à l'autre à l'autre (au littoral..., au sud…). On rapporte la grande difficulté à distinguer les provenances botaniques. Les couleurs, la taille et l'organisation de la fleur (long pédoncule, grandes pétales, étamines saillantes, leur disposition) laissent penser que c'est un organe générateur d'un grand nombre d'espèces grâce aux insectes.

Deux câpriers phénotypiquement différents peuvent être présents ensemble sur une même station (El Houaria, Tunisie). Des variétés nombreuses, moins épineuses (intermédiaires) sont présentes, dont certaines semblent rarement donner des fruits. L'espèce la plus productive en petites câpres (câpre similaire à la Nonpareille de Provence dans les années 50) est représentée par la variété aegyptia très fréquente dans le Tell Est méridional.

Au sud (Chebka du Mzab), *Capparis leucophylla* D.C.= *Capparis spinosa* L. imposant une végétation persistante et une floraison hivernale luxuriante au-dessus des autres végétaux, a été pour nous l'occasion de faire utilement la comparaison avec les remarques contraires de **Chehma (2006)** l'évoquant dans son catalogue en fleur en avril-mai. Quant aux cultivars, vu l'état actuel des connaissances algériennes à ce sujet, évoquer le cultivar chez le Câprier paraît tout à fait inapproprié dans nos travaux. La provenance des graines et la variabilité morphologique des espèces soulèvent des interrogations. La variété rupestris (inerme) présente les caractéristiques de l'espèce à encourager pour la propagation **(Guittonneau, comm.pers.)** en vue des cueillettes de confiance.

Végétation

La végétation à côté du Câprier fait partie d'une flore qui ne présente pas une grande variété du fait du sol lié à la topographie. Il s'agit d'un appauvrissement du nombre des espèces auquel se joint un amoindrissement du nombre d'individus. Sur le plan phytosociologique, ceci se traduit par un raccourcissement considérable des listes floristiques si bien que, sauf en de rares cas, songer à des groupes spéciaux ou tout au moins à des tableaux d'associations devient illusoire.

Néanmoins, les espèces végétales accompagnatrices les plus fréquentes dans les relevés sont le jujubier sauvage, l'olivier, le pistachier lentisque et quelques fois le Pin d'Alep.

En effet, Il est introduit dans les zones biogéographiques (d'Est en Ouest) correspondant aux séries de végétation de Chêne-liège et de l'oléo-lentisque jusque dans celles du Genévrier de Phénicie et jujubier sauvage plus au sud vers la plaine du Chéliff, puis du Sud au Nord (séries de Pin d'Alep et de Chêne vert de l'Atlas saharien constantinois jusqu'aux séries de Jujubier dans les hautes plaines constantinoises). Plus haut, il se retrouve plus présent dans le secteur Tell méridional réservé aux séries de l'oléo-lentisque et de Chêne-vert et du Jujubier.

Kadik (1986) le mentionne dans le cortège floristique de la pinède de plus à l'Est, il est présent dans la cocciferaie d'El Kala (Kaabeche, comm. Pers.). **Boudouresque (1978)** le signale dans la végétation du djebel Mansour en Tunisie.

Sans s'interdire les milieux exceptionnels, dans la limite de son écologie, mais attiré surtout par la topographie, le Câprier souvent rupicole s'introduit aussi parmi la végétation à forte naturalité, même endémique parfois à l'exemple du Cap Carbon à Bajaia **(Gehu et *al.*, 1992)** ou Lemgatea à El Houaria dans les trouées forestières (Tunisie). Comme on peut le trouver dans les peuplements d'Eucalyptus de Souk Lethnin à Bouira. On a beau lui conférer le statut de plante vivant en retrait loin des communautés végétales, certains pensent même qu'ils les intoxiquent; on peut lui attribuer ici une certaine plasticité quant à son comportement vis à vis des espèces accompagnatrices.

Utilisations diverses du câprier

Le Câprier à l'état spontané fournit aux ruraux (interviewés) tous ses organes en guise de « trousse d'urgence de pharmacie» pour diverses pathologies. Certaines recettes dites « grand-mère » sont confirmées scientifiquement **(Seridi et *al.*, 2004; Benseghir et Seridi, 2005$_b$, 2005$_c$).**

La consommation locale de Câpres n'est pas de coutume mais la cueillette des câpres et caprons (jeunes fruits) traités, comptabilisée en agro-industrie avec les olives, est en majorité destinée à l'exportation par le port de Bejaia; elle concerne surtout la zone du Tell méridional où la qualité de la câpre (calibre le plus petit, dite capucine) est des plus recherchées au monde. Dans le saharien constantinois, l'hiver, on consomme les feuilles et les câpres avec les pâtes traditionnelles à titre préventif des pathologies et dans la région saharienne, les baies sont consommées comme un légume. Il est intéressant de signaler les débouchés qui sont offerts dans de nombreux pays étrangers aux câpres maghrébines.

Une autre particularité du câprier tout aussi intéressante est le fait qu'il soit très mellifère avec une floraison prolongée, il s'avère très intéressant dans l'élevage apicole. Selon **Biri (1986)**, spécialiste de l'élevage moderne des abeilles, le Câprier est doté d'un nectar d'excellente qualité. Dans la région de Sétif, Mila et Bordj-Bou Arreridj, les apiculteurs évoquent les fortes potentialités mellifères de cette plante; le miel ayant une couleur foncée.

Par ailleurs, en été alors que la strate herbacée est quasiment sèche, ne persistent verts que les jeunes sujets et les rameaux de l'année servant de nourriture fraîchement pâturée par les animaux. Selon les éleveurs, il est constitué d'une valeur fourragère des plus intéressantes en appoint.

En somme, de l'ensemble, émerge l'importance d'une dispersion géographique qualifiée d'hétérogène sur le plan stationnelle ; il se diversifie en sous espèces ou variétés en fonction de la grande diversité climatique et topographique sans limite géologique. En Algérie, le câprier couvre de vastes surfaces mais de manière éparse.

Le bilan de l'influence des facteurs du milieu est grandement ressenti pour le secteur du Tell méridional, dans le domaine maurétanien méditerranéen. C'est la zone biogéographique potentielle du câprier. Il est à noter que les habitats sont très variés, les adaptations remarquables du câprier, face aux effets de l'érosion combinés à ceux de la chaleur et de la xéricité du climat, ressortent amplement dans nos observations.

Dans cette pré-étude de la connaissance de la distribution du Câprier abordée avec un regard introductif sur des éléments biogéographiques sans la prétention de vulgariser la notion quasi-complète des visions sur le Câprier et celle des caractères que cette plante imprime aux diverses stations visitées, laisse donc apparaître des constances quant aux facteurs conditionnant son développement potentiel : La position topographique-l'exposition, et le bioclimat.

Par ailleurs, cet inventaire biogéographique et écologique de la plante, fort de sa correspondance sociétés rurales-câprières naturelles, montre déjà qu'il peut se placer dans un espace de développement durable en Algérie avec des adaptations inégalables à tout point de vue. Il fournit déjà dans son agencement dans le cadre d'un aménagement territorial, les premières données nécessaires pour les plantations en prévision actuelle du plan national de reboisement (**P.N.R.**) en Algérie avec des options intégrées (gouvernance, territoire et terroir). De plus, en face des accords d'association avec la **C.E.E.** et l'adhésion de l'Algérie à l'**O.M.C.**, cette potentialité agricole est porteuse d'avenir pour les débouchés extérieurs.

OPTIONS SCIENTIFIQUES ET APPLICATION

Il convient de ne pas perdre de vue dans ces trois chapitres, les aspects méritant d'être poursuivis par des travaux pouvant apporter une animation diversifiée créée autour de ce thème avec des retombées économiques pour le pays selon les regards croisés d'innombrables réseaux organisés en partenariat (scientifiques, institutionnels, associatifs). La dynamique, d'aujourd'hui autour de cette ressource, sera perçue par de nombreux dans le monde de demain comme un capital végétal à préserver continuellement.

On doit rappeler d'abord que les thématiques, réunissant les plantes unanimement connues hors du commun, inspirent de nos jours quantité de chercheurs et décideurs internationaux (**C.E.E.**) dans le choix soutenu des espèces végétales à l'heure du réchauffement climatique planétaire.

Ecologie

Cet inventaire permet de proposer **une hiérarchisation biogéographique des zones à câprières proprement dites.**

De plus fortes raisons quand il s'agit de zones s'inscrivant dans un contexte de territoires où les influences humaines ont refaçonné les paysages. Effectivement, c'est là où le Câprier y trouve souvent refuge. Dans cette situation, les milieux naturels ont été souvent tronqués, morcelés, fragmentés, mouvementés et escarpés. La segmentation des territoires par les différentes activités humaines crée de nombreux espaces de transition où une nature comme le Câprier capable de s'y adapter vient à s'y installer car le milieu ne réunit plus, le plus souvent les conditions favorables pour une forte naturalité où les autres végétaux sont souvent exigeants dans leur développement.

Souvent considérés, d'ailleurs, comme des espaces marginaux pour les spécialistes et endroits de retrait pour les plantes cosmopolites frugales (bords de route, friches, chemins, voies ferrées, fossés et talus remués à proximité des barrages, anciennes cultures abandonnées, zones érodées, rives de barrages, espaces inaptes à l'agriculture et murs antiques interrompant quelques fois des suites de paysages végétaux), ils jouent un rôle majeur comme corridors et permettent à certaines espèces comme le Câprier de se maintenir. Il reste vraisemblablement une espèce « passepartouts » et surtout pionnière pour la réussite d'une plantation arboricole, en cultures alternées dans les plantations fragilisées par la monospécificité (cas des denses biomasses végétales introduites sans succès par les **P.N.R.** car demandeuses de réserves hydriques et nutritives que les profils de sol n'arrivent pas à satisfaire). De part sa rusticité, il peut donc représenter des plantations dont les rendements seraient proches voire supérieurs de ceux des espèces exigeant des conditions écologiques supérieures. Puis son développement sur les rives marines montre aussi que le Câprier semble tolérer la salinité. De tels aspects méritent d'être examinés par des protocoles expérimentaux.

L'étude de la distribution territoriale du Câprier nécessite alors la poursuite, toutefois, de patientes recherches de prospection multi-stationnelle dans ces sites. Tout laisse penser qu'il sera possible, de rencontrer non seulement de nouvelles localités jouant le rôle de jalon pour l'établissement de l'aire de répartition complète en vue de son extension mais aussi et surtout la description d'écotypes et de taxons avec l'étude de l'ADN pour confirmer la désignation de l'espèce. Pour la zone méditerranéenne de l'Asie centrale, une révision taxonomique du groupe *Capparis spinosa* vient d'être publiée par **Fici (2014)**.

On suppose que les espèces de Câprier gagneraient en latitude et altitude au détriment des espèces devenant de façon irréversible, de plus en plus rares. Son aire naturelle risquerait fort d'être en progression. Comme la bibliographie est quasi- inexistante hormis les travaux de quelques botanistes, l'explication phytogéographique sera probablement tributaire de quelques aspects de physiogéographie. Mettre au point une méthode de zonage du câprier, pourquoi pas à partir de l'imagerie satellitaire, serait un objectif de recherche pour la caractérisation de terroir et parcelles (couple topographie et variété).

Quant à L'interrogation ou la méfiance des reboiseurs algériens vis-à-vis du Câprier, elle est aisément compréhensible à nos yeux. Les techniques de propagation n'étant pas connues donnent une bien piètre idée des possibilités de la plante. Le jour où les reboiseurs auront pris conscience des possibilités offertes par cette plante, nul doute qu'alors l'utilisation de cette espèce se généralisera dans le pays, surtout dans les zones à maigres ressources où l'exode rural a pris des proportions dangereuses. On retient fort le contenu du papier de **Sakcali et al., (2008)** quand il titre si bien ses travaux: une usine adapté pour la lutte contre la désertification.

Ainsi, les résultats sur les germinations et celle naturelle par la voie avichorique risquerait fort de nous orienter vers des méthodes biologiques. La voie dite hémérochorique (animaux domestiques et homme) proposée déjà par **Cappelletti (1946)** consiste à faire ingérer aux oiseaux d'élevage des graines à récupérer pour les semis directs. Dans les zones à Câprier décrites les plus pauvres, un appui par des fonds de l'état et un suivi scientifique peuvent se faire dans un cadre intégré par les services agrovétérinaires et forestiers (par exemple, dans des exploitations familiales destinées à la production de câpres).

Puis, nous avons vu qu'en se comportant en élément « xénobiotique » très discret, pour germer, le câprier trouverait probablement aussi son compte en exprimant le besoin de prédation.

S'agit-il de prédation utile ou nuisible? Il serait intéressant d'approfondir la voie de reproduction ornitochorique ; celles myrmécochorique (fourmis) et saurochorique (reptiles) nous paraissent également non négligeables. C'est autant de questions d'actualité scientifique à considérer avec la plus haute importance pour l'équilibre écologique qui semble, avec un peu de volonté, reconstituable sans trop de difficultés dans ces régions.

Perspectives d'usages : ALIMENTAIRE- EDECINALE– PAYSAGERE

- Spécialisation de la recherche sur le Câprier avec prise en forme concrète des domaines scientifique et appliquée de grande portée (génétique et autres) avec une mise en place coordonnée d'une application dans le secteur des câpres, du miel et des médicaments.
- Intégration du Câprier en agroforesterie (association avec des cultures intercalaires et / ou d'autres activités agricoles) en développant les stratégies agro-pastorales et d'élevage avicole se traduisant par l'amélioration de la fertilité du milieu bénéfique aux deux composantes : production végétale et production animale.
- Promotion régionale des produits du Câprier en passant par la valorisation des territoires avec prévision des programmes d'aménagement de zones à Câprier dans le cadre du développement rural et labellisation des produits de terroir. Les faire correspondre à un mandat à vie qui s'hérite dans les exploitations familiales.

Notons qu'en 1969, l'expérience marocaine a réussi jusqu'à nos jours en renforçant ceci par un régime juridique des terres à câprier **Hamimaz (1969).**
- Reconcentrer et Fixer des populations rurales grâce à la récolte de câpres et caprons nécessitant une main d'œuvre potentielle avec de grandes possibilités de création de créneau agro alimentaire (stockage et conditionnement avec système de conservation biologique des câpres).

Ces propositions prennent en compte des thèmes importants récapitulés par les volets suivants :

Volet alimentaire

Permettre l'émergence d'une industrie agro-alimentaire à base des produits du Câprier et définir un circuit de la filière « câpres » est impératif.

Volet médicinal

La médecine par les plantes propose en général des médicaments naturels de qualité selon des méthodes appropriées concernant la collecte officielle du matériel biologique (respect des périodes et sites de prélèvement et choix des variétés). Les principes actifs et les qualités thérapeutiques sont basées botaniquement et biochimiquement sur des paramètres écologiques définis : sol, climat, altitude, exposition, latitude… . Ces observations méritent des analyses diverses. La mise en évidence des interactions pouvant exister entre les facteurs écologiques pour générer le câprier destiné à la pharmacie est une action de recherche importante.

A la recherche de produits naturels sans effets indésirables, ces points attirent déjà actuellement de nombreux scientifiques pour des traitements anticancéreux et anti-inflammatoires ((**Masadeh et al., 2014**) . Les travaux de **Séridi et al,**. (**2004**) engagés à l'université d'Annaba, sur les feuilles de la variété aegyptia de Mila, méritent d'être poursuivis et étendus à d'autres variétés et régions pour une éventuelle utilisation en phytopharmacie algérienne.

Aspect ornemental et paysager

Alors que chez nous pays de grand soleil, cette plante héliophile demeure négligée, plutôt avec l'expérience environnementaliste dans d'autres pays (Italie, Espagne, France, Grèce, Chypre…), son statut comme plante ornementale dans les jardins similaires aux rosiers, est plus que vérifié. Ses grandes fleurs abondantes avec des parfums enivrants, s'épanouissent du printemps à l'automne, pour le Nord. Le Câprier s'est fait ainsi un nom chez les plantes les plus protectrices (de sol, de disette, de santé…) et non exigeantes en eau. Une des plus fortes raisons pour le planter sur la première lisière venue, carrières abandonnées, en champ, les jardins … . Qu'on l'associe au bien-être !

La définition de nouveaux thèmes, liés au paysagisme et enfin au concept environnemental pour l'aménagement des espaces, mérite des études.

Enfin, les fonctions écologiques, médicinales et socio-économiques du potentiel « câprier » sont à intégrer dans les programmes actuels de, conservation patrimoniale, de gouvernance et de développement territorial durable tout particulièrement dans les régions où cette espèce est la plus représentée ; permettant essentiellement la création d'emplois (production en pépinière , chantier de plantation et entretien, apiculture, phytothérapie, floralies, production de fourrages d'appoint, industrie condimentaire…) et l'augmentation des revenus grâce à la récolte de câpres faisant l'objet d'importants programmes d'exportation.

Tels sont les principaux problèmes que pose le Câprier dans cet essai de synthèse. La thématique de recherche paraissant au début lourde et de longue haleine mais elle est aussi intéressante qu'exigeante en compétences transversales : botanique, entomologie, écologie, …

Cette contribution, si approximative soit-elle, suffit à montrer l'ampleur de la tâche qui reste à accomplir. Il en résulte aussi clairement que le Câprier traduit autant l'histoire que le présent, plus le naturel que l'artificiel. L'opportunité que le câprier nous a donné pour faire un essai d'appréciation de ses valeurs, a permis dans ce travail :

- de penser que son adaptabilité est forte quel que soit le changement terrestre car il a la possibilité à produire sans cesse de nouvelles espèces ;
- de rassembler des données sur son histoire et sur son statut général dans le monde végétal, comme plante dans son développement, ses acclimatations, ses transformations et ses utilisations depuis l'Antiquité jusqu'à l'époque contemporaine.

Grâce à cet ouvrage, *Capparis spinosa* n'est peut-être plus *specie sconosciuta* (espèce inconnue) en Algérie. « Vient de paraître à new york un ouvrage réalisé par **Ephreim Philip Lansky et al.,(2014)** qui conforte nos vues sur l'intérêt que représentele câprier dans le monde ».

Pour finir cette conclusion, à l'heure où les sciences se dirigent vers les aménagements intégrés dits « intelligents » des territoires, ce livre donnerait peut-être un courant d'espoir par une extrapolation de nos conclusions et propositions vers d'autres arbustes tout autant oubliés.

REFERENCES BIBLIOGRAPHIQUES

Afsharypuor, S., K. Jeiran et A.-A. Jazy (1998). First investigation of the flavour profiles of the life, ripe fruit and root of Capparis spinosa var. mucronifolia from Iran, *Pharmaceutica Acta Helvetia*, n° 72-5, pp.307-309.

Ahmed, Z.-F, A.-M. Rizk, F.-M. Hammouda et M.-M. Seif El Nasr (1972). Glucosinolates of eagyptian Capparis species, *Phytochemistry*, n°11-1, pp.251-256.

Aimé, S. (1991). Etude écologique de la transition entre les bioclimats subhumide, semi-aride et aride dans l'étage thermo-méditerranéen du tell oranais (Algérie occidentale). Thèse de Doctorat. Laboratoire de botanique et d'Ecologie Méditerranéenne. 19 décembre 1991. Université de Droit, d'Economie et des Sciences d'Aix-Marseille III.

Albert, A et E. Jahandiez (1908). Catalogue des plantes vasculaires naturelles du département du Var. Ed Klincksieck P., Paris. 613p.

Alexandrian, D. (1992). Essences forestières 3 (feuillus-résineux), Guide technique du forestier méditerranéen français. I.R.S.T.E.A. Groupement d'Aix – en – Provence, Division Forêts méditerranéennes. Fiches 2eme Edition.

Al-Saïd, M.S. et E.-A. Abdelasattar (1988). Isolation and identification of an antiinflammatory principle from *Capparis spinosa*. Pharmazie. 43 (9): pp 640-641.

Ancorra, G. et L. Cuozzo (1985). In vitro propagation of caper (*Capparis spinosa* L). ENEA, C.R.E., Casaccia, FARC, AGR, BIA, Roma.

Anonyme, (2000). Promenades au Tassili. Azjer. Patrimoine. Association des amis du Tassili.Azjer. Editions ANEP. 168p.

Anonyme, (2003). Seed propagation of Mediterranean trees and shrubs.APAT.Rome.
http://www.apat.gov.it/site/_contentfiles/00025300/25382_manuali_2003_16.pdf.

Anonyme, (2008). Flora of China. Vol.7: Menispermaceae through Capparaceae/ ed. by Zhengy W., Raven P.H. - Beijing; St. Lois, pp. 436-499. http://flora.huh.harvard.edu/china/PDF/PDF07/Capparis.pdf.

Anonyme, (2014). Liste des espèces de *Capparis spinosa* L. en Afrique du nord. www.tela-botanica.org.

Aouadi, F. et L. Amraoui (2004). Extraction des huiles essentielles d'une plante aromatique : *Capparis spinosa* L. (Famille des capparidacées). Mémoire de fin d'Etudes Supérieures. Biologie et Physiologie végétale.Université Badji Mokhtar -Annaba. 40 p.

Arefi, I.H., S.-K. Nejad et M. Kafi (2012). Roles of duration and concentration of priming agents on dormancy breaking and germination of caper (Capparis spinosa L.) for the protection of arid degraded areas. Pakistan Journal of Botany, 44 (SPL. ISS. 2) : pp. 225-230.

Assessorato Agricultura e Foreste Regione Siciliana, (1989). A tavola con i capperi. Sezione Operativa 83, Paceco. Scopus alert *Capparis.*

B.N.E.D.E.R., (1988). Etude de développement intégré des monts de Sétif. Phase IV : Projet type élevage de montagne apiculture. Division du développement des activités hydrauliques et agricoles. DETA/AS/07/88/06. 56 p.

B.N.E.D.E.R., (1989). Etude de développement intégré des monts de Bordj Bou Arreridj. Phase IV : Projet type arboriculture de montagne. Division du développement des activités hydrauliques et agricoles. DS/11/89 – 08. 84 p.

Baccaro, G. (1978). il Cappero. (le câprier – En Italien).115 Universale Edagricole Edizioni agricole Via Emile Levante, 31 Bologna 31p (traduit).

Bahrani, M.-J, M. Ramazani Gask, A. Shekafandeh et M. Taghvaei (2008). Seed germination of wild caper (Capparis spinosa L., var. parviflora) as affected by dormancy breaking treatments and salinity levels. Seed Science and Technology, 36 (3): pp. 776-780.

Barbera, G. (1991). Programme de recherche Agrimed : le Câprier (*Capparis spp.*). Commission des Communautés Européennes. Série Agriculture. EUR 13614. FR. Office des Publications Officielles. Luxembourg. 62 p.

Barbera, G. et R. Di Lorenzo, (1982). La coltura specializzata del cappero nell' isola di Pantelleria. Estratto da : « « l'informatore agrario »- Verona, xxxviii(32). Universita di Palermo. pp22113-22117 (traduit).

Barbera, G. et R. Di Lorenzo, (1984). The caper culture in Italy. Acta horticulturae. (NLD) 144, pp. 167 – 171.

Battandier et trabut (1902). Flore analytique et synoptique de l'Algérie et de la Tunisie. Yve Giralt imprimeur-éditeur. A. Franceschi. Mustapha Alger. 460 p.

Becker, G. (1988). Plantes toxiques Ed Gründ. Paris. 224 p.

Bektas, N., R. Arslan, F. Goger, N. Kirimer et Y. Ozturk (2012). Investigation for anti-inflammatory and anti-thrombotic activities of methanol extract of Capparis ovata buds and fruits. J Ethnopharmacol.; 142(1) : pp. 48-52. http://www.ncbi.nlm.nih.gov/pubmed.

Belattar, G. (1988). Ecologie et Régénération du câprier épineux. Cas de la région sétifienne. Mémoire de fin d'Etudes Supérieures en Ecologie Forestière. I.N.E.S. de Biolgie Farhat Abbès. Projet de recherche I.N.R.F. Mezloug. Sétif. 33 p.

Benabid, A. (1976). Etudes écologique, phytosociologique et sylvo-pastorale de la Tetraclinaie de l'amsittene. Thèse de Doctorat en Ecologie Méditerranéenne(Option Phytoécologie). 16 décembre 1976. Université d'Aix-Marseille III.

Benchelah, A.-C, H. Bouziane, M. Maka et C. Ouahès (2000). Fleurs du Sahara. Voyage ethnobotanique avec les Touaregs du Tassili. Ed Ibis Press Atlantica. Paris.

Benseghir, L.-A. (1993). Résultats préliminaires en vue des premières applications sur les techniques de traitement des semences de Câprier en pépinière. Journée d'Etude. Station de recherche I.N.R.F. Mezloug-Service des Forêts de Sétif.

Benseghir, L-.A. (2005)$_a$. Travaux de recherche sur les pépinières en Algérie. La recherche pour le développement. (Exposé). 1er Forum National de la Recherche Scientifique. 21 au 23 mai 2005. Alger. ANVREDET. Services de la Ministre Déléguée Chargée de la Recherche Scientifique. MESRS. (Avec distinction scientifique).

Benseghir, L.-A. (2008)$_a$. Valorisation des acquis de la Recherche Agronomique en Algérie. Forum. 10, 11, 12 Février 2008. I.N.R.A.A. M.A.D.R. R.AD.P. Alger.

Benseghir, L.-A. (2008)$_b$. Outil de vulgarisation technique-scientifique pour la culture du Câprier– Pour le compte de l'Association ONG Ghislaine wattel –Clubs U.N.E.S.C.O. (T .D.S Tunisie Développement Solidarité, Initiatives de développement Durable en Tunisie-Sud) ; outil soumis à actualisation.

Benseghir, L.-A. (2014). Spécificité écologique du câprier et applications diverses en phytothérapie. 1ère exposition ethnobotanique et 2ème atelier d'Initiation à la phytothérapie.   M.A.T.E. C.N.D.R.B. Labo d'agro E.N.S. 7 juin 2014. Jardin d'Essai Hamma. Alger.

Benseghir, L-.A. et R. Séridi (2005)$_b$. Quelques éléments d'écologie du Câprier épineux (*Capparis spinosa* L.) : Rapport avec la phytothérapie. 1er Colloque Euro-méditerranéen en Biologie Végétale et Environnement. 28, 29 et 30 novembre 2005. Laboratoire de recherche en Biologie Végétale et Environnement. Département de Biologie. Faculté des Sciences. Université Badji Mokhtar Annaba (Algérie).

Benseghir, L.-A., Séridi (2005)$_c$. Détermination des techniques efficaces sur la dormance des graines d'une plante médicinale *Capparis spinosa* L. 1er Colloque Euro-méditerranéen en Biologie Végétale et Environnement. 28, 29 et 30 novembre 2005. Laboratoire de recherche en Biologie Végétale et Environnement. Département de Biologie. Faculté des Sciences. Université Badji Mokhtar Annaba (Algérie).

Benseghir, L.-A., Séridi, M. Kaabèche et G. Falconnet (2007). Effet des traitements chimiques sur les graines dormantes du Câprier épineux (*Capparis spinosa* L.). 1er séminaire international sur la biodiversité, santé et environnement. 12, 14 novembre 2007. Institut de Biologie. C.U.E.T. M.E.S.R.S. R.A.D.P.

Benzidane, N Charef N, Krache I, Baghiani A and Arrar L., (2013). In Vitro Bronchorelaxant Effects of Capparis Spinosa Aqueous Extracts on Rat Trachea. J App Pharm Sci; 3 (09): pp 85-88. Available online at http://www.japsonline.com

Biri, M. (1986). L'élevage moderne des abeilles. Manuel pratique. Editions de Vecchi S.A. Paris. 321 p.

Blamey, M. et C. Grey-Wilson (2000). Toutes les fleurs de Méditerranée. Editions Delachaux . et Niestlé . Les guides des naturalistes. Paris 560 p.

Boga, C., L. Forlani, R. Calienni, T. Hindley, A. Hochkoeppler, S. Tozzi et N. Zanna (2011). On the antibacterial activity of roots of Capparis spinosa L. Natural Product Research, 25 (4) : pp. 417-421.

Bonina, F., C. Puglia, D. Ventura, R. Aquino, S. Tortora, A. Sacchi, A. Saija, A.Tomaino, M.-L.Pellegrino et P. De Caprarris (2002). In vitro antioxydant and in vivo photoprotective effects of a lyophilized extract of *capparis spinosa* L. buds, *Journal of cosmetic science,* n° 53-6, pp. 321-335.

Boudouresque, E. (1978). Etude bioclimatique et phytosociologique de l'ensemble orographique du Djebel Mansour(Tunisie), Thèse de Doctorat $3^{\grave{e}}$ cycle, Ecologie méditerranéenne, Faculté des Sciences et Techniques St Jérôme, 152 p.

Bouvet, J.-Y. (1983). Le cyprès vert "Cupressus sempervirens" en zone méditerranéenne française : Etude écologique et perspectives d'utilisation. I.R.S.T.E.A. Groupement d'Aix – en – Provence, Division protection des Forêts contre l'incendie.

Brochiero, F. (1997). Ecologie et croissance du Pin d'alep en Provence calcaire. I.R.S.T.E.A. Groupement d'Aix – en – Provence, Division Agriculture et Forêts méditerranéennes. 74 p.

Burnie, D. (1996). Les Fleurs de Mediterranee. Le guide visuel de plus de 500 especes de fleurs sauvages. Edition l'œil Nature. Bordas. Paris.

Caccetta, A. (1983). Produzione e mercato del cappero. Istituto di Economia e Politica Agraria dell Uni versita di Catania, Catania (traduit).

Caccetta, A. (1985). Aspetti economici delia coltivazione del cappero in Italia. Frutticoltura, 47 (12) : 21-28 (traduit).

Calcara, P. (1853). Breve cenno sulla geognosia ed agricoltura dell'isola di Pantelleria. Giornale della Commissionne di Agricoltura e Pastorizia in Sicillia, Anno II, Fascicoli 3-4(traduit).

Çaliç, I., A.-E Kuruüzüm et P. Rüedi (1999). 1H-Indole-3-acetonitrile glucosides from Capparis spinosa fruits, *Phytochemistry*, n° 50-7, pp.1205-1208.

Çaliç, I., A.-E Kuruüzüm, P.-A Lorenzetto et P. Rüedi (2002). (6S)-hydroxy-3-oxo-α-ionol glucosides from *Capparis spinosa* fruit. Phytochemistry. n° 59(4) : pp.451-457. Summary Plus ׀ Full Text + Links ׀ PDF (238K) ׀ Abstract + References in Scopus ׀ Cited By in Scopus.

Cappelletti, C. (1946). Sulla germinazione dei semi di Capparis spinosa L.'Nuovo G. Bot. Ital., 53: pp 368-371(traduit).

Caudron, A. (2005). Plantes Médicinales- Usages et Formulations- Groupe Gattefossé- Lille. 187 p.

Chaabane, A. (1993). Etude de la végétation du littoral septentrional de Tunisie : Typologie, Syntaxonomie et Eléments d'Aménagement. Thèse de Doctorat en Ecologie. 27 septembre 1993. Faculté des Sciences et Techniques Saint-Jérôme. Université de Droit d'Economie et des Sciences. Aix-Marseille.

Chancrin, E. et F. Faideau (1926). Dictionnaire illustré de la vie domestique. Larousse ménager. Librairie Larousse. Paris. 1259 p.

Chehma, A. (2006). Catalogue des plantes spontanées du Sahara septentrional algérien. Laboratoire de recherche : « protection des écosystèmes en zones arides et semi-arides ». Faculté des sciences et sciences de l'ingénieur. Université Kasdi Merbah. Ouargla. 140p.

Chraudolf, H. (1989). Indole glucosinolates of *Capparis spinosa*. Phytochemistry. 28 (1):pp 259-260.

Cifferi, R. (1949). Rassegna di parassiti e malattie del cappero (Capparis spinosa L.) in Italia. Notiziaro sulle Malattie delle plante, 3 : pp 33-55(traduit).

Côme, D., (1970). Les obstacles à la germination. Ed. Masson et Cie, Paris, 162 p.

Come, D., (1975). Rôle de l'eau, de l'oxygène, et de la température dans la germination. « In la germination de semences, Gauthier – Villars éd. ; Paris, pp. 27-44 ».

Couplan, F., (1986). Retrouvez les légumes oubliés. 50 légumes, condiments et fruits. Culture, historique, propriétés, recettes, Ed. La maison rustique, Flammarion, Paris.

Crete , P. (1965). Précis de Botanique. Tome II. Systématique des angiospermes. Ed Masson et Cie. $2^{è}$ éd révisée. Collection de précis de Pharmacie sous la direction de Janot MM. Paris. 429 p.

Crosaz, Y. (1995). Propriétés germinatives des semences (Chapitre 2) – Lutte contre l'érosion des terres noires en montagne Méditerranéenne. Connaissance du matériel végétal herbacé et quantification de son impact sur l'érosion. Thèse de Doctorat en Ecologie. Université de Droit, d'Economie et des Sciences D'Aix –Marseille III, 205p.

D'Epenoux, F. (1992). Relations milieu-production. Application au Pin noir d'Autriche dans les Alpes externes méridionales. Thèse de Doctorat, Biologie : Ecosystèmes continentaux arides, méditerranéens et montagnards. I.R.S.T.E.A. Université Joseph Fourier, Grenoble I. 226 p .

Decourt, N., M. Godron, F. Romane et R. Tomassone (1969). Comparaison de diverses méthodes d'interprétation statistique de liaison entre le milieu et la production du pin sylvestre en Sologne. Ann. Sci. For., 26 (4), pp. 413 - 443.

Dev, S. (1997). Ethnotherapeutic and modern drug development: The potential of Ayurveda, Cur.Sci. 73(11): pp 909-928.

Di Franco, A. et D. Gallitelli (1985). Rhabdovirus-like particles in caper leaves with vein yellowing. Phytopath. Medit., 24 : pp 234-236.

Dinesh, D.-S, Kumari, S., Kumar V. et Das P. (2014). The potentiality of botanicals and their products as an alternative to chemical insecticides to sandflies (*Diptera: Psychodidae*): A review. ICMR, Agamkuan, Patna, India. Journal Vector Borne Dis 51(1), March 2014, pp. 1–7.

Dorvault, F. (1982). L'officine, 21^{è} ed. Vigot, Paris, 1958 p.

Eddouks, M., A. Lemhadri et J.-B. Michel (2004). Caraway and caper: potential anti-hyperglycaemic plants in diabetic rats, *Journal of ethnopharmacology*, n° 94-1, pp. 143-148.

Eddouks, M., A. Lemhadri et J.-B. Michel (2005). Hypolipidemic activity of acqueous extract of Capparis spinosa L. in normal and diabetic rats, *Journal of ethnopharmacology*, n° 98-3, pp. 345-350.

Emberger, L. (1955). Une classification biogéographique des climats. Rec. Trav. Labo. Bot. Géol. Et Zoo., Fac. Sc. Montpellier ser. Bot., 7 : pp. 3 – 43.

Emberger, L. (1960). Les végétaux vasculaires. Traité de botanique systématique. Tome II. Fascicule I.II. Ed Masson et Cie. Paris. 1540p.

Encyclopédie de la pléiade nrf, Botanique (1960). volume X, Presses de l'imprimerie Mame , Librairie Gallimard, France, 1531 p.

Encyclopédie des plantes médicinales, (2001). Identifications, Préparations, Soins. Larousse. 2ème Edition. 850 illustrations, 335 p.

Fallah Huseini, H., S. Hasani-Rnjbar, N. Nayebi, R. Heshmat, F.-K Sigaroodi, M. Ahvazi, B.A Alaei et S. Kianbakht (2013). *Capparis spinosa* L. (Caper) fruit extract in treatment of type 2 diabetic patients: A randomized double-blind placebo-controlled clinical trial. *Complementary Therapies in Medicine*, **21** (5) : pp. 447 - 452 .

Fallah Huseini, H., S.-M. Alavian, R. Heshmat, M.-R. Heydari et K. Abolmaali (2005). The efficacy of liv-52 on liver cirrhotic patients: A randomized, double-blind, placebo-controlled first approach, *Phytomedicine*, n° 12-9, pp.619-624.

Farhoudi, R.et M.-M. Taftp (2011). Improvement in germination and seedling growth of Caper (Capparis spinosa L.) Research on Crops, 12 (2) : pp. 435-439.

Farouki, F.-Z. et M. Nemamacha (2004). Etude phytochimique d'une *Capparidaceae Capparis spinosa* L.(le Câprier) dans la région de Mila. Mémoire de fin d'Etudes Supérieures. Biologie et Physiologie végétale. Université Badji Mokhtar -Annaba.34 p.

Fici, S (2014). A taxonomic revision of the *Capparis spinosa* group (*Capparaceae*) from the Mediterranean to central Asia. 174(1): 001-024. Magnolia Press (Online Edition).
http:dx.doi.org/10.11646/phytotaxa.174.1.1.

Fournier, P. (1952). Arbres, arbustes et fleurs de pleine terre. Tome II. Flore illustrée des jardins et des parcs. Encyclopédie biologique. Atlas. Vol XL et Vol XXXIX. Ed Paul Lechevalier. Paris. 549p.

Gadgoli, C., S.-H. Mishra (1999). Antihepatotoxicactivity of p-methoxy benzoic acid from capparis spinosa, *Journal of ethnopharmacology*, n°66-2, pp. 187-192.

Gan, L., C. Zhang, Y. Yin, Z. Lin, Y. Huang, J. Xiang, C. Fu et M. Li (2013). Anatomical adaptations of the xerophilous medicinal plant, Capparis spinosa, to drought conditions. Horticulture Environment and Biotechnology , 54 (2) : pp. 156 - 161.

Garbaye, J., Ph. Leroy, F. Le Tacon et G. Levy (1970). Réflexions sur une méthode d'études des relations entre facteurs écologiques et caractéristiques des peuplements. Ann. Sci. Forest. 1970, 27 (3), pp. 303 - 321.

Gatin, C.-L. (1975). Dictionnaire de botanique. Ed Lechevalier, S.A.R.L. 54 compositions originales. 700 figures. Paris. 847 p.

Gehu, J.-M., M. Kaabeche et R. Gharzouli (1992). Observations phytosociologiques sur le littoral kabyle de Bedjaïa et Djijel, Documents phytosociologiques, Camerino, Octobre, N.S, pp306-322. (volumeXIV)

George Edward, P. et D. Jonh Edward (1933). Flora of Syria, Palestine and Sinaï. Vol. I, American University of Beirut. Public of the fac of Arts and Sc Nat. 2è ed.

Ghorbel, A., A. Ben Salem-Fnayou, S. khouildi, H. Skouri et F. Chibani (2001). Le Câprier Caractérisation et Multiplication. Des modèles biologiques à l'amélioration des plantes. Paris ; Journéers Scientifiques du Réseau AUF : Biotechnologie Végétale : Amélioration des plantes et sécurités alimentaires. Montpellier. pp157-172.

Girerd, B. (1978). Inventaire écologique et biogéographique de la flore du département de Vaucluse. S.E.Sc.Nat Vc Vaucluse éd., Avignon.

Giuffrida, D., F. Salvo, M. Ziino, G. Toscano et G. Dugo (2002). Initial investigation on some chemical constituents of Capers (*Capparis spinosa* L.) from the island of Salina. Italian Journal of food science. Volume 14, Issue 1. pp 25-33.ı Abstract + References in Scopus ı Cited By in Scopus.

Gorini, F. (1981). Le Câprier. Traduit de l'Italien par Henri Zuang. Nov. 84. CTIFL.DV.84.39, pp. 1-3.

Guillochon, L. et R. Guillochon (1931). Culture des fruits du Midi et de l'Afrique du Nord. p 157-159. Encyclopédie Agricole. Ed J-B. Baillière et Fils.

Hamimaz, O. (1969). Une importante production locale réservée à l'exportation : les câpres. Maroc Agricole, N°12. Oct 1969. pp 29-35.

Heller, R. (1962) .Croissance et développement(2) – Physiologie Végétale. Cours de Sorbonne. B.M.P.V. Centre de documentation Universitaire. 198 p.

Heller, R. (1978). Croissance et développement. $2^{\text{ème}}$ partie. Cours de physiologie végétale. « Les cours de Sorbonne ». B.M.P.V . 204 p.

Hilhorst, H .-W.-M. et C.-M. Karssen (1992). Seed dormancy and germination: the role of abscisic acid and gibberellins and the importance of hormone mutants. Plant Growth Regulation. 11: pp. 225-238.

Hopkins, W.-G. (2003). Physiologie végétale. $2^{\text{ème}}$ Ed. De Boeck Université, Lille, 514 p.

I.N.R.A., (2011). Rapport d'activité. Division de l'information et de la communication, Editions (2012). Rabat Principal. Royaume du Maroc.96 p.

I.N.R.A.A.,F.A.O. (2006). Deuxième Rapport National sur l'Etat des Ressources Phytogénétiques. Juin 2006. Coordinateur Chouaki S. R.A.D.P.91p.

I.S.T.A., (1966). International rules for seed testing. Proceedings of the international seed testing association, 31: pp. 92-106.

Ibn Bûtlan, (XIème siècle). Tacwim Es Siha(*Tacuinum sanitatis* XIIIème siècle = Tableau de Santé). Copie de Manuscrit. Bibliothèque Nationale de France.

Inocencio, C., F. Alcaraz, F. Calderón, C. Obón et D. Rivera (2002). The use of floral characters in *Capparis* sect. *Capparis* to determine the botanical and geographical origin of capers. Eur Food Res Technol, 214 : pp. 335-339.

Issa, A. (1927). Dictionnaire des noms de plantes en latin, français, anglais et arabe. P.O.BOX 6585. 2ème ed Dar Al Raed El Arabi. Beirut. Lebanon.

Jahandiez, E. et R. Maire (1932). Catalogue des plantes du Maroc(Spermaphytes et ptéridophytes) Tome II Dicotylédones et archichlamydacées. Imprimerie Minerva P Lechevalier. Alger. Paris 557 p.

Jiang, H.-E., X. Li, D.-K. Ferguson, Y.-F. Wang, C.-J. Liu et C.-S. Li (2007). The discovery of *Capparis spinosa* L. (*Capparidaceae*) in the Yanghaï Tombs (2800 years b.p.), NW China, and its medicinal implications. Journal of Ethnopharmacology. 113 (3) : pp. 409-420. References in Scopus | Cited By in Scopus.

Jones, WHS. (1969). *Pliny, Natural History. Volume VI*. Cambridge (Massachusets), Harvard University Press and London, William Heinemann LTD;. XX - XXIII.

Julve, Ph. (2014). Baseflor. Index botanique, écologique et chorologique de la flore de France. Version : 06 janvier 2014. http://perso.wanadoo.fr/philippe.julve/catminat.htm

Judd, W.-S., Campbell, C.-S., Kellogg, E;-A et stevens P. (2011). Botanique systématique: une perspective phylogénétique. Biologie Végétale(traduit par Bouharmont J et Evrard C M). Ed De Boeck supérieur. 488p.

Kaabeche, M. (2003). La flore et la végétation d'Algérie. Eléments d'écologie végétale. Végétation méditerranéenne, végétation saharienne. Les cours de Biologie U.F.A.S. 66 p.

Kaabeche, M. Gharzouli, R et Géhu, J.-M. (1998). Les communautés à *Euphorbia dendroides* L. d'Algérie. Syntaxonomie, Synécologie et Synchorologie. Itinera geobotanica, ISSN 0213-8530, N°. 11, 1998, pp 139-158.

Kadik, B. (1986). Contribution à l'étude du Pin d'Alep (*Pinus halepensisMILL.*) en Algérie : Ecologie, dendrométrie, morphologie, Office des Publications Universitaires, Alger, 580 p.

Kamboj, V.-P (2000). Herbal medicine, Cur. Sci. 78: pp 35-9.

Kenny, L. (1998). Le câprier: importance économique et conduite technique. BTT n° 37. Bulletin de liaison du Programme National de transfert de technologie en agriculture. PNTTA. Rabat - Maroc. 12p. http://www.agrimaroc.net/01-37.htm.

Khanfar, M.-A., S.-S. Sabri, M.-H. Abu Zarga et K.-P. Zeller (2003). The chemical constituents of Capparis spinosa of Jordanian origin, *Natural product research*, n°17-1, pp.9-14.

Kühn, CG. (1826). *Claudii Galeni Opera Omnia*. Tomus XII Lipsiae: Officina Libraria Car. Knoblochii(traduit).

Kühn, CG., (1829). *Pedanii Dioscoridis Anazarbei De Materia Medica*. Tomus I Lipsiae: Officina Libraria Car. Knoblochii(traduit).

Kulisic-Bilusic, T., I. Schmöller, K. Schnäbele, L. Siracusa et G. Ruberto (2011). The anticarcinogenic potential of essential oil and aqueous infusion from caper (Capparis spinosa L.). Food Chemistry Article in Press.

Lakrimi, M. (1997). Le Câprier - importance économique et conduite technique. Bull de transfert de technologie en agriculture. N°37. (oct 1997). Direction de la production végétale. M.A.E.E. Rabat. 12p.

Lang, A.-G., J.-D. Early, G.-C. Martin, R.-L. Darnell (1987). Endo-, para-, and ecodormancy; physiological terminology and classification for dormancy research. Hort. Sci. 22 : pp. 371-377.

Lapie, G. et Maige, A. (1914). Flore forestière illustrée de l'Algérie – comprenant toutes les espèces les plus répandues en Tunisie, au Maroc et dans le Midi de la France, sans l'emploi de mots techniques de toutes les espèces décrites. 881 figures, carte de l'Algérie. E. ORLHAC, eds. Paris. 881 figures. Carte de l'Algérie. 357 p.

Laurent, L. (1937). Catalogue raisonné des plantes vasculaires des Basses-Alpes. Tome I : 189 Ed Laurent., Marseille.

Lemmi Cenna, T., P. Rovesti (1979). Ricerche sperimentali sull'azione cosmetologica del cappero. Rivista italiana di Essenze, Profumi. Piante officinali, Aromatizzanti, Syndets, Cosmetici, aerosols. 1 : pp 2-9 (traduit).

Letourneaux, A. (1884). Rapport sur une mission botanique exécutée en 1884 dans le nord, le sud et l'ouest de la Tunisie. Exploration scientifique de la Tunisie. Imprimerie nationale MDGGGLXXXVII. Paris 93 p.

Lieutaghi, P. (1969). Le Livre des arbres, arbustes et arbrisseaux. 1ère édition Robert Morel, coll. « Collection d'arts et traditions populaires », Mane. 2 volumes. 1386 p.

Liotta, G. (1977). *Acalles barbarus* Lucas (S.I.) su *Capparis spinosa* L. a Pantelleria (Col. *Curculionidea.* Nota bioetologica. II Naturalista Siciliano, I(1-4) :pp 39-45.

Liu, W., Y. He, J. Xiang, C. Fu, L. Yu, J. Zhang et M. Li (2011). The physiological response of suspension cell of Capparis spinosa l to drought stress. Journal of Medicinal Plant Research, 5 (24) : pp 5899-5906.

Lozano Puche, J. (1977). El Alcaparro. (Le Câprier- En Espagnol). Hojas divulgadoras. Nùm 1977 HD. 38-7. Madrid 16 p(traduit).

Luna Lorente F., Massa Moreno J., (1979). La tapena : produccion de Plantas de vivero. Servicio de Extension Agraria, Centro Regional de Levante, Carcagente (Valencia) (traduit) (traduit).

Luna Lorente F., Perez Vicente M. (1985_a). La tapenera o alcaparra. Cultivo y aprovechamiento. (Le tapénier ou le Câprier. Culture et potentialités.- En Espagnol). Publicaciones de extention agraria. Collection Agricultura Pratica. Madrid. 127 p (traduit).

Luna Lorente F., Perez Vicente M. (1985_b). La tapenera o alcaparra. Ministerio de Agricultura, Pesca y Alimentacion, Colleccion Agricultura Pratica, 37(traduit).

M.A.D.R., (2013). Synthèse du Plan National de Reboisement 2000-2013. Fiche mars 2013. Cellule d'information D.G.F. Algérie. http://www.dgf.gov.dz.

Maire, R. (1940). Etudes sur la flore et la végétation du Sahara Central.- Mémoire. Société. Histoire. Naturelle. Afr. N. 3. 3ème partie, pp 273-433.

Maire, R. (1933). Etudes sur la flore et la végétation du Sahara Central. Mission du Hoggar II. N°3. Mémoires de la Société d'Histoire Naturelle de l'Afrique du Nord. Alger. 272 p.

Maire, R. (1965). *Flore de l'Afrique du Nord*, Volume XII, Encyclopédie biologique. LXVII, Ed. Le Chevalier, Paris, 407p.

Maire, R. et Th. Monod (1950). *Etudes sur la flore et la végétation du Tibesti*, Mémoires de l'Institut Français d'Afrique noire, Ed. Librairie La Rose, Paris, 140 p.

Malorana, G. (1970). La reticolatura fogliare del cappero :una malattia associata ad un virus del gruppo S della patata. Phytopath. Medit., 9 :pp 106-110(traduit).

Manikandaselvi, S. et P. Brindha (2014). Chemical Standardization studies on Capparis spinosa L. Proceedings-International Conference on Natural Products in the Management of Cancer. Academic Sciences. International Journal of Pharmacy and Pharmaceutical Sciences. ISSN-0975-1491 Vol 6, Suppl 1. pp 47-54.

Martin, M.-A. (1971). Introduction à l'ethnobotanique du Cambodge. CNRS Paris. 257 p.

Masadeh, M.-M. , A.-S. Alkofahi, K.-H. Alzoubi, H.-N. Tumah et K. Bani-Hani (2014). Anti-Helicobactor pylori activity of some Jordanian medicinal plants. Pharmaceutical Biology, Mai 2014. 52 (5) pp. 566 -569

Mazliak, P. (1982). Croissance et développement : Physiologie Végétale II. Ed. Hermann, Paris, 465 p.

Meddour, A., M. Yahia, N. Benkiki et A. Ayachi (2013). Étude de l'activité antioxydante et antibactérienne des extraits d'un ensemble des parties de la fleur de *Capparis spinosa L.* Lebanese Science Journal, Vol. 14, No. 1.

Millier, C. (1973). Méthodologie mathématique des études des liaisons station/production. Ann. Sci. Forest. 1973, 30 (3), pp. 351 - 366.

Mishra, G.-P, R. Singh, M. Bhoyar et S.B. Singh (2009). *Capparis spinosa*: Unconventional potential food source in cold arid deserts of Ladakh. *Current Science,* 96 (12) : pp. 1563-1564.

Moghaddasi, M.-S. (2011), Caper (*Capparis sppinosa*) importance and medicinal usage. Advances in Environmental Biology, 5 (5) : pp. 872-879.

Mohammad, S.-M., H.-H. Kashani et Z. Azarbad (2012). *Capparis spinosa* L. Propagation and medicinal uses Life Science Journal, 9 (4) : pp. 684 - 686.

Mohammadi, J., B. Chatrroz et H. Delaviz (2014). The Effect of Hydroalcoholic Extract of *Capparis Spinosa* on Quality of Sperm and Rate of Testosterone Following Induction of Diabetes in Rats. Journal of Isfahan Medical School, 31 (264).

Moldenke, H.-N. et A.-L. Moldenke (1952). Plants of the Bible. Ronald Press co., New York.

Molinier, R. (1981). Catalogue des plantes vasculaires des plantes des Bouches-du-Rhone. Imprimerie municipale de Marseille.

Monteil, V. et C. Sauvage (1949). Contribution à l'étude de la flore du Sahara Occidental. Tome I. Editions Larose. Paris Veme Institut des hautes études Marocaines. 120 p.

Monteil, V.(1953). Contribution à l'étude de la flore du Sahara occidental. Institut des Hautes Etudes Marocaines. Rabat. Notes et Doc n°6, Ed Larose. Paris. 147p.

Moret, (1936). Exportations de Câpres du Maroc. La Terre Marocaine. Janvier 1936.Office Chérifien de contrôle et d'exportation.

Moret, (1936). Le Câprier dans la région de Safi. La Terre Marocaine. Juillet 1937. Jardin d'Essais de Rabat.

Nadir, M.T., et J. Dhahir (1986). The effect of different methods of extraction on the antimicrobial activity of medicinal plants. Fitoterapia. 57 (5): pp 359-363.

Nasab, F.-K. et A.-R. Khosravi (2014). Ethnobotanical study of medicinal plants of Sirjan in Kerman Province, Iran. Journal of Ethnopharmacology.
http://www.sciencedirect.com/science/journal/aip/03788741

Nègre, R. (1961). Petite flore des régions arides du Maroc occidental. Tome I. Ed CNRS. Paris. 413p.

Noailles, M.-C. (1965). L'évolution botanique, Ed. du Seuil, Le rayon de la Science, France, 73p.

Nosti Vega, M. et R. Castro Ramos de (1987). Los constituyentes de las alcaparras y su variacion con el aderezo. Grasa y Aceites 3 : pp 173-175.

Nouals, D. et B. Boisseau (1991). Choix des essences en région méditerranéenne française. Les pins Brutia et Eldarica. I.R.S.T.E.A. Groupement d'Aix – en – Provence, Division Agriculture et Forêts méditerranéennes.

Olmez, Z., A. Gokturk, S. Gulcu, (2006). Effects of cold stratification on germination rate and percentage of caper (*Capparis ovata* Desf.) seeds. Journal of Environmental Biology. 27(4): pp. 667-670.

Olmez, Z., A.-O. Uclur, Z. Yahyaoglu, (2004$_b$). Effects of stratification and chemical treatments on germination of Caper (*Capparis ovata* Desf.) seeds. Sez. Horticulture, Crop Science, Plant Protection. Agr. Med. 134: pp. 101-106.

Olmez, Z., Z. Yahyaoglu et A.-O. Uclur (2004$_a$). An Evaluation of Caper (*Capparis ovata* Desf.) Plantation on Erosion Control Areas in artvin, Turkey. Proceed Agroenviron.Udine Italy. Session 4: Desertification, land degradation and erosion. pp. 517-523.

Orphanos, P.-I. (1983). Germination of caper (*Capparis spinosa* L.) seeds. Journal of Horticultural Science, 58 (2) : pp. 267-270.

Ozenda, P. (1983). Flore du Sahara, 2^è Ed. du CNRS, Paris, 624 p.

Paccalet, Y. (1981). La flore méditerrannéenne. Guide Point Vert. Ed Hatier. Paris. 126 p.

Pascual-Seva, N., A.-S. Bautista, S. López-Galarza, J.-V. Maroto et B. Pascual (2011). Effect of accelerated ageing on germination in caper (*Capparis spinosa* L.) seeds. Acta Horticulturae, 898 : pp. 69-74.

Pernet, R. (1972). Les Capparidacées. Plantes Médicinales et phytothérapie,6(1) : pp 68-77.

Pline, (1832). Histoire naturelle de Pline. Repris par De Grandsagne, A. p113 Vol.113. Bibliothèque latine-française. Publié par Panckoucke, C.-L.-F.

Polunin, O. et A. Huxley (1967). Fleurs du bassin méditerranéen. Fernand Nathan. Paris. 325p.

Primo, L.-M, et I.-C. Machado (2009). A New case of late-acting self-incompatibility in *Capparis* L. (*Brassicaceae*) *C.jocabinae* Morie.ex Eichler an endemic andromonoecious species of the Caatinge, Pernambuco state, Brazil. Acta bot.Bras.23(3) :764-768.

Proestos, C., I.-S. Boziaris, G.-J.-E. Nychas et M. Komaitis (2006). Analysis of flavonoids and phenolic acids in Greek aromatic plants: Investigation of their antioxidant capacity and antimicrobial activity. Food Chemistry. 95: pp 664 – 671.

Prosper, A. (1581). plantes d'Egypte. Institut Français d'Archéologie orientale. Traduit du Latin par Fenoyl R. 195 p.

Putievsky, E. (1977). Is growing crops of *capparis* a lucrative proposition. Hassadeh 58 (2): pp 226-227.

Quezel, P. (1958). Mission botanique au Tibesti. – Inst. Rech. Sahar. Alger, Mém. 4, 357p.

Quezel, P. (1965). La végétation du Sahara. Du Tchad à la Mauritanie. Gustav Fischer Verlag Stuttgart. Masson et Cie ed. Paris. 333p.

Quezel, P. et S. Santa (1962). Nouvelle Flore de l'Algérie et des régions désertiques méridionales, Paris, C.N.R.S, (2 vol. :1 :1-570p., 2 :571-1170,42 cartes, 20 ph.,112pl).

Rathee, S., P. Rathee, D. Rathee et V Kumar, (2010). Phytochemical and Pharmacologycal Potential ef Kair (*Capparis decidua*); Intern J of Phytomedecine, 2:10-17.

Renfrew, J. M. (1973). Palaeoethnobotany, the prehistoric food plants of the Near East and Europe. Methuen & Co. ltd. 11 New Fetter Lane. London EC 4. Great Britain. 248 p . 48 plates.

Rhizopoulou, S. et G.-K. Psaras (2003). Development and Structure of Drought-tolerant Leaves of the Mediterranean Shrub *Capparis spinosa* L. Annals of Botany Company. 92: pp. 377-383. Summary Plus ׀ Full Text ׀ Abstract + References in Scopus ׀ Cited By in Scopus.

Richard, Ph. (1987). Etude des facteurs explicatifs de la croissance du chêne-liège dans le Var. I.R.S.T.E.A. Groupement d'Aix – en – Provence, Division : techniques forestières méditerranéennes. 72 p.

Ripert, Ch. et B. Boisseau (1993). Ecologie du Cèdre de l'Atlas en Provence, Principaux résultats. I.R.S.T.E.A. Groupement d'Aix – en – Provence, Division Forêts méditerranéennes. 17 p.

Rivera, D., C. Inocencio, C. Obon et F. Alcaraz (2003). Review of food and medicinal uses of *Capparis L. subgenus Capparis (Capparidaceae).* Economic Botany. 57(4) : pp. 515-534.

Rivera, D., C. Inocencio, C. Obon, E. Carreño, A. Reales et F. Alcaraz (2002). Archaeobotany of capers *(Capparis)*(capparaceae). Veget Hist Archaeobot, 11 : pp. 295 - 313.

Rodriguez, R., M.-J. Rey et L. Cuozzo (1986). Propagation in vitro du Câprier (*Capparis spinosa* L). (En Italien). Primeras jornadas de Biotecnologia vegetal. 17. Resumenes.

Roméo, V., M. Ziino, D. Giuffrida, C. Condurso et A. Verzera (2007). Flavour profile of capers(Capparis spinosaL.) from the Eolian archipelago *by HS-SPME/GC-MS,* n° 101-3, pp.1272-1278.

Roux, H. (1881). Catalogue des plantes de Provence. Ed Olive M., Marseille.

Rouy, G. et J. Foucaud (1895). Flore de France, Tome II.

Saadaoui, E., J.-J.-M Gómez, E. Cervantes (2013). Intraspecific variability of seed morphology in capparis spinosa L. Acta Biologica racoviensia Series Botanica , 55 (2) pp. 99 - 106 .

Sahki, A. et R. Sahki (2004). Le Hoggar, Promenade botanique - Editions Esope 830 illustrations. 311p.

Sakcali, M.-S, H. Bahadir et M. Ozturk (2008). Eco-physiology of capparis spinosa l. : A plant suitable for combating desertification. Pakistan Journal of Botany, 40 (4 SPEC. ISS.) pp. 1481-1486.

Sauvaigo, E. (1943). Les cultures sur le littoral de la méditerrannée; Provence; ligurie; Algérie. 2ème Edition.Librairie J.-B. Baillère et Fils ;Paris.197 figures..456p.

Schlein, Y. et R.-L. Jacobson (1994). Mortality of leishmania major in phlebotomus papatasi caused by plant feedling of the sandflies. Am. J. Trop. Med. Hyg., 50(1) : pp. 20-27

Schlein, Y., R.-L Jacobson et G.-C. Müller (2001). Sandfly feeding on noxious plants : a potential method for the control of Leishmaniasis. American. Society. Tropical. Medicine. Hygiene; Am. J. Trop. Med. Hyg; 65(4) : pp. 300-303.

Schraudolf, H. (1989). Glucosinolates indoliques de *Capparis spinosa*, Phytochemistry, Volume 28, Numéro 1, pages consultées 259-260.

Schwartz, D. (1987). Méthodes statistiques à l'usage des médecins et des biologistes. Ed. Flammarion médecine sciences. Paris, 318 p.

Seridi R., Y. Hadef, L.-A. Benseghir Boukhari, A. Benabdallah et S. Boukhdir (2004). Etude phytochimique d'une Capparidacée : *Capparis spinosa* (le câprier) de la région de Mila, Séminaire National. 1ères journées du Département de Pharmacie. 8 et 9 décembre 2004. Faculté de médecine. Université Badji Mokhtar. Annaba. R.A.D.P.

Sharef, M., M.-A El-Ansri et N.-A.-M. Saleh (2000). *Quercetin triglycoside from Capparis spinosa,* Fitoterapia, n° 71-1, pp. 46-49.

Spichiger, R.-E, V.-V. Savolainen et M. Figeat (2000). Botanique systématique des plantes à fleurs : une approche phylogénétique nouvelle des angiospermes des régions tempérées et tropicales. Ed. Presses polytechniques et Universitaires Romandes. Lausanne. 372 p.

Suleiman, M.-K., N.-R. Bhat, M.-S. Abdal, S. Jacob, R.-R. Thomas, S. Al-Dossery et R. Bellen (2009). Germination studies of Capparis spinosa L. Propagation des plantes ornementales , 9(1) : pp. 35-38.

Tanghe, C. (1991). Ecologie et croissance du Pin de Zalzmann en France. I.R.S.T.E.A. Groupement d'Aix – en – Provence, Division Forêts méditerranéennes. 84 p.

Tansi, S. (1999). Propagation methods of caper (*Capparis spinosa* L.). Agricoltura mediterranea. 129 : pp. 45-49.

Tesi, R. (1987). Principi di orticlotura e Ortaggi d'Italia- Edagricole Via Emilia. C.31. Bologna(traduit).

Thévenot, C. (1985). Problèmes physiologiques posés par les obstacles à la germination (dormances embryonnaires, inhibitions tégumentaires). Le sélectionneur français. 35 : pp. 13 – 21.

Tlili, N., A. Khaldi, S. Triki et S. Munné-Bosch (2010). Phenolic Compounds and Vitamin Antioxidants of Caper (*Capparis spinosa*). Plant Foods for Human Nutrition, 65 (3) pp. 260-265.

Tomas, F. et F. Ferreres (1976). *Contribution à l'étude de la dotation flavonoïdique dans Capparis spinosa,* Rev. Agroquim.Technol.Alimen , n° 16, pp. 252-256.

Trabut, L. (1930). Répertoire des noms indigènes des plantes spontanées dans le Nord de l'Afrique. Etudes scientifiques 1830 – 1930. Alger 355 p.

Trabut, L. (1935). Répertoire des noms indigènes des plantes spontanées, cultivées et utilisées dans le Nord de l'Afrique. Flore du Nord de l'afrique. Collection du centenaire de l'Algérie. Etudes Scientifiques. 1830-1930. Imprimeries « La typo-litho » et Jules Carbonel. Alger.

Trombetta, D., F. Occhiotto, D. Perri, C. Puglia, N.-A. Santagati, D. De Pasquale, A. Saija et F. Bonina (2005). Antiallergic and antihistaminic effect of two extracts of Capparis spinosa L. flowering bud, *Phytotherapy Research*, n° 19-1, pp. 29-33.

Vennetier, M., Ch. Ripert, O. Chandioux et coll. (1997). Etude des potentialités forestières de la Provence calcaire « Evaluation à petite échelle sur de grandes surfaces ». **C.E.M.A.G.R.E.F.,** Groupement d'Aix – en – Provence, Division Agriculture et Forêts méditerranéennes. 34 p.

Vial, Y. et M. Vial (1974). Sahara Milieu vivant. Hatier. Paris.223p.

Wilson, M. (2014). Mission Terrain Crétacé autour de Mitzpe Ramon-Neguev Archive 11 Avril.
http://woostergeologists.scotblogs.wooster.edu/2014/04/11/

Wojterski, T. (1985). Guide de l'excursion internationale de phytosociologie. Algérie du nord. Association internationale pour l'etude de la végétation. I.N.A. El Harrach, Glotze Druck ed., Göttingen, RFA. 274 p.

Wu, J.-H., F.-R. Chang, F.-R. Hayashi, K. Shiraki, C.-C. Liaw, Y. Nakanishi, K.-F. Bastow, D.-L. Yu, I.-S. Chen et K.-H. Lee (2003). Antitumor agent. Part 218: Cappamensin A, a new in vitro anticancer principle, from *Capparis sikkimensis*, Bioorganic et Medicinal Chemistry Letters, n° 13-13, pp. 2223-2225.

Yaniv, Z., A. Dafni, J. Friedman et D.Palevitch (1987). Plant used for the treatment of diabetes in Israël, *Journal of ethnopharmacology*, n° 19-2, pp. 145-151.

Zhou, H., R. Jian, J. Kang, X. Huan, Y. Li , C. Zhuang , F. Yang, L. Zhang, X. Fan, T. Wu et X. Wu (2010). Anti-inflammatory effects of caper (*Capparis spinosa* L.) fruit aqueous extract and the isolation of main phytochemicals. J Agric Food Chem.; 58(24):12717-21.
http://www.ncbi.nlm.nih.gov/pubmed

Zohary, M., (1960). The species of *Capparis* in the Mediterranean and the near Eastern countries. Bull. Res. Counc. Israël 8D: pp49-64.

Zolotarewsky, B. et M. Murat (1938). Divisions naturelles du Sahara et sa limite méridionale. Soc. Biogéogr., Mém. 6. La vie dans la région désertique Nord-tropicale de l'ancien Monde. pp 335-350.

Oui, je veux morebooks!

I want morebooks!

Buy your books fast and straightforward online - at one of the world's fastest growing online book stores! Environmentally sound due to Print-on-Demand technologies.

Buy your books online at
www.get-morebooks.com

Achetez vos livres en ligne, vite et bien, sur l'une des librairies en ligne les plus performantes au monde!
En protégeant nos ressources et notre environnement grâce à l'impression à la demande.

La librairie en ligne pour acheter plus vite
www.morebooks.fr

OmniScriptum Marketing DEU GmbH
Bahnhofstr. 28
D - 66111 Saarbrücken
Telefax: +49 681 93 81 567-9

info@omniscriptum.com
www.omniscriptum.com

Printed by Books on Demand GmbH, Norderstedt / Germany